沖縄・辺野古から見る日本のすがた

戦争させない・９条壊すな！　総がかり行動実行委員会　編

八月書館

沖縄・辺野古から見る日本のすがた　目次

第1章　まず「沖縄の戦後」を知る

前田　哲男

はじめに

安倍政権が「明治維新150年」ともてはやした2018年。その日本近現代史を「民衆運動」の視点からたどると、三つの大きなうねりが見えてくる。戦前期の「農民運動」と「普通選挙権運動」、そして戦後期全期にわたる「反基地運動」がそれである。これら「民権回復」の行動ぬきに「近現代日本の150年」は語れない。

このうち、地主制度からの解放をもとめた貧農・小作農民による農民運動（明治維新直後にはじまった）、また、あまねき選挙権獲得にまい進した「普選運動」（おなじく「自由民権運動」とともに開始された）は、敗戦後、米占領軍がうちだした「民主化政策」により、「農地改革」および（女性をふくむ）「参政権」として達成された。

だが、〈歴史の逆説〉というべきであろうか。その米占領軍が、1952年4月、（「対日平和条約」と同時に発効した）「日米安保条約」により、「駐留米軍」と名称変更して日本全土に常駐態勢をとるようになって以降、「米軍基地反対」という名の、あらたな民衆運動が巻きおこり、日本全土に拡散していくのである。

それは（本土の場合）1952年7月、石川県の「内灘砲撃試射場反対闘争」にはじまり、「米軍基地反対・基地撤去運動」として、またたくうちに広範な住民運動となって全国各地に燃えひろがった。なかでも「立川基地拡張反対闘争」（東京都）においては、「日米安保条約は憲法9条に反する」

（59年3月東京地裁・伊達秋雄裁判長）とする判決を引きだした。また、「長沼ナイキ闘争」（北海道）では、「自衛隊は憲法9条が禁じた陸海空軍に該当し、違憲」（1973年9月　札幌地裁・福島重雄裁判長）の成果につながった（どちらも最終的に最高裁によってくつがえされたが）。

その「内灘闘争」から70年ちかく。こんにちも基地周辺各地で、航空機騒音から平穏な生活を取りもどすたたかい、また、基地がたれ流すさまざまの環境汚染に抗議する運動、さらに、根源にある「日米地位協定」という不平等条約の廃棄・改定をもとめる法廷闘争や支援運動が展開されている。

とりわけ、このブックレットの各章で報告される「普天間・辺野古問題」についての最新状況、すなわち、「世界一危険な飛行場」（2003年、当時のラムズフェルド米国防長官が現地でもらした感想）といわれる普天間飛行場の閉鎖・返還要求は、日米政府による、それと引き換えに大浦湾のサンゴ礁埋め立て、新基地を建設しようとする計画への反対行動を呼びおこし、戦後日本における反基地闘争の最先端に位置づけられることとなった。

大きくとらえると「普天間・辺野古問題」とは、①19世紀末より連綿とつづいた日本史民衆運動の21世紀版・最前線にあるたたかいであり、かつ、②基地負担の重圧を沖縄県民にのみ押しつける差別政策への異議申し立ての意義をもち、併せて、③安倍軍拡――辺野古新基地を将来自衛隊に使用（日米共同基地）させ、宮古～石垣～与那国島と沖縄本島米軍基地と一体運用しようとする南西諸島軍事化――にたいする抗議活動としての側面も有している。

そのような問題意識を共有しながら、本ブックレットの各章は書かれている。

沖縄基地形成の特異性

まず、「沖縄に基地があるのではない。基地の中に沖縄があるのだ」とさえ形容される米軍基地のなりたちから見ていこう。

本土にある米軍基地と沖縄米軍基地の最大のちがい、それは、本土基地のなりたちが、「ポツダム宣言」(日本降伏の条件)受けいれの代償として、敗戦後、日本政府の合意(「保障占領」といわれる)のもと、いわば〈保証物件〉として提供された施設であるのにたいし、沖縄の場合、それより4カ月まえに開始された「沖縄戦」——全島をまきこみ住民十数万人が犠牲となった戦闘のさなか、米軍による「戦時占領」(戦時国際法による権利行使)宣言——の過程で基地が形成されていった、そこに最大の相違点がある。

「本土基地」は、占領米軍が指定した、おもに旧陸海軍施設が接収対象とされた(だから「平和条約・安保条約」締結以前に反基地闘争は起こらなかった)。これに反し、沖縄での基地建設は「沖縄戦」たけなわのなか実行されたので、作戦経過にしたがって造成され、戦闘遂行に必須な場所を、必要な分だけ強制的に徴発する「戦時下の基地づくり」がおこなわれた。在沖基地が、米軍上陸地点となった本島中部と、進攻路にあたる南部・那覇周辺に密集しているのはそのためである。

典型例として「普天間基地」があげられる。

宜野湾市中央部に、まるで〈ドーナツの穴〉のように存在する普天間飛行場(市域のほぼ3分の1を占めるが)、そこは、もともと中部高台ののどかな田園地帯で、水田や田畑のあいだに役場、小学校、住居地が散在していた。当時の地図からそれらをかぞえられる。

1945年4月1日、眼下にひろがる嘉手納海岸から米軍侵攻がはじまった。「歩いて渡れるのではないかと思われるほど、軍艦が海を埋めつくしていた」そうだ(『宜野湾市史』三 資料編二)。住民は「鉄の暴風」からのがれようと、南へ北へと身ひとつで避難した。戦争が終わり収容所や疎開先からもどってみると、住居や田畑は跡かたもなく消えていて、かつての生活圏は鉄条網で仕切られ、コンクリートの滑走路と兵舎に変わっていた。仕方なく、基地のフェンスを取りかこむように「黙認耕作地」と呼ばれる農地や住居がつくられ、それが拡大していって、いまの〈ドーナツ型・宜野湾市〉ができあがっていくのである。以後74年間、市民はその状態のもとに置かれている。

沖縄の戦後はこうしてはじまったのだった。「戦時占領」「布令・布告による基地建設」「銃剣とブルドーザーでの住民追い立て」が、（本土基地と決定的にことなる）沖縄基地形成史の特徴だといえる。

1996年、基地強制使用をめぐり、代理署名を拒否して政府と争った当時の大田昌秀知事は、最高裁での「上告人意見陳述」で、沖縄基地の特異性をつぎのように述べている。

「一例を挙げますと、嘉手納飛行場のある嘉手納町は、町面積の約83パーセントが基地にとられ、残り17パーセントの地域に約1万4千余の人々がひしめいています。このような状況で、人間らしい社会生活を営むことはおよそ不可能です。（中略）本土の基地の87パーセントが国有地なのに比べ、沖縄のそれは、民有地が3割余を占めていることです。とりわけ基地の集中する沖縄本島中部地域においては、約75パーセントが民有地であります。」

この状態は現在も変わらない。なによりも、沖縄基地についてのこの事実――戦闘の結果収奪された土地であるという基地形成の発端――を知っておく必要がある。

そこで問う。なぜ、「普天間基地返還」が、ただちに「辺野古新基地建設」につながらなければならないのか？

「沖縄返還」までの反基地運動

沖縄の反基地運動は、独自の「島ぐるみ闘争」としてはじまった。
「朝鮮戦争」（1950〜52年）がぼっ発すると、軍政下、「布令・布告」による有無を言わせぬ通告、応じないと「銃剣とブルドーザー」をもってする基地拡張が容赦なく進行した。そのうえ、1952年の「対日平和条約」（第3条）により（本土大都市にあった米占領軍基地は接収解除されたものの）、日本政府は、同条約で沖縄を本土から切りはなし、「米軍政下」にとどめられた。第3条には、「（アメリカ政府が）行政、立法及び司法上の権力を行使する」と規定された。だから沖縄県民は独力でたたかうほかなかったのである。

平和条約後、もはや「戦時国際法」を基地使用の根拠に適用できなくなったので、米軍は「契約権」や「土地収用令」をたてに、わずかな「軍用地料」（「土地一坪の地代は、タバコ一個より安かった」という）で買収しようとした。これにたいし住民側は「金は一時、土地は万年」のムシロ旗を立ててデモ行進（「乞食行進」といわれた）しつつ、本土に向け悲痛な訴えを発した。以下は、伊江島の阿波根昌鴻さんが本土団体に送った「嘆願書」の一節である（沖縄タイムス編『50年目の激動』より）。

「われわれの苦痛を、米軍の不法行為を、一体どこに訴えるべきでありましょうか。戦争に敗け武力をもたないわれわれ農民は、土地を取りあげられ生活の保障がなされなくても黙っていなければならないのでしょうか。母国の皆様！　一体これは日本政府に訴えるべきでありましょうか。もうわれわれには、少しの余裕もなくなりました。ただ祖国の皆様以外に、頼る道を知りません。」

こうしたアピールに応えて、本土革新政党や労働団体にも沖縄問題への関心がたかまっていき、1

963年から毎年、平和条約発効日の4月28日に、沖縄本島北端にある辺戸岬と、本土と沖縄を分離する北緯27度線の洋上に船を出し、陸上と海上での交流がもたれるようになった。

県内における「島ぐるみ闘争」は、やがて「沖縄県祖国復帰協議会」結成へと発展していく（1960年）。4つの基本目標がかかげられた。①対日平和条約第3条の撤廃、②平和憲法の完全適用、③一切の軍事基地撤去、④安保条約の廃棄、である。なかでも「平和憲法のもとへの復帰」と「基地なき地方自治」が県民最大のねがいだった。

しかし、現実の「沖縄返還」はそうならなかった。

1969年、自民党・佐藤栄作首相は、ニクソン米大統領から「72年・核抜き・本土並み返還」の約束をとりつけた。それにより沖縄返還の日程にめどがつけられたのはたしかである。だが、内実は復帰協がもとめる「即時・無条件・全面返還」からほど遠い復帰であった。時期はともかく、「核抜き」にかんしては口約束のみ（のちに「有事には核持ち込み」の「佐藤・ニクソン密約」の存在が判明した）であり、「本土並み」とされた基地削減は〈絵に描いた餅〉におわった。

復帰時の屋良朝苗知事が、政府主催式典（1972年5月15日）でのあいさつで、「沖縄県民のこれまでの要望と心情に照らして復帰の内容をみますと、必ずしも私どもの切なる願望が入れられたとはいえないことも事実であります」、と述べたのは、そのような県民の不満を精いっぱい代弁したものであったのだろう。

変わらない過密基地の重圧

日本政府が約束した「本土並み」とは、事実上の「基地固定化」継続政策であった。

「沖縄返還協定」第1条には「施政権返還」（本土復帰）がうたわれたが、つづく第2条は「安保条約の適用」、第3条には「基地の使用」が書きこまれた。どこからみても「平和憲法のもとへの復帰」とはいえなかった。

協定実施にかんする「了解覚書」によると、

A表　復帰後も引き続き米軍が使用する基地　88カ所
B表　復帰後返還して自衛隊が使用する基地　12カ所
C表　復帰までに返還する基地　34カ所

となっていて、134基地中34カ所が返還されるように書かれている（それでも「本土並み」にはならない）。だが、これも見かけだおしの数字操作にすぎなかった。沖縄県渉外部編『沖縄の米軍基地』1979年版によると、たとえば、従来の9施設を一括して「嘉手納基地」にかぞえ、5施設を「ホワイトビーチ基地」に統合、「引き続き使用する基地」を少なく見せるよう数合わせし、他方、すでに返還ずみの5施設を「復帰までに返還する基地」にくわえるなど、まやかしに満ちたものだった。このことも県民の怒りをまねいた。

基地継続使用のやり方も強引だった。復帰協に所属する土地所有者（反戦地主とよばれた）は、復帰後の土地提供を拒否した。この姿勢にたいし日本政府は、復帰の日から5年間効力がある「公用地暫定使用法」制定により米軍基地（と移駐してきた自衛隊基地）に法的根拠をあたえ、その期限が切れた77年5月以降になると、事実上沖縄基地のみを対象とする「駐留軍用地特別措置法」を（強行採決により）成立させ、継続使用を合法化した。日本政府が（米軍にかわって）弾圧の正面に立ったのである。こうして普天間基地の反戦地主の抵抗も封じこまれてしまった。

したがって、「施政権返還」は「基地返還」に結びつかず、「本土並み基地」の公約も、A表、B表に見るとおり、大半が米統治下時代そのままの〈基地固定化〉状態がつづくこととなる。

こうした経緯と苛酷な現状を直視することなく、「普天間基地使用問題の解決策は辺野古移設が唯一の選択肢だ」、と記者会見のたびにくりかえす菅官房長官の対応は〈鉄面皮〉というしかない。

もうひとつ、「5・15メモ」という動かぬ証拠もある。沖縄復帰その日の日付をもつこのメモは、「日米合同委員会」（日米地位協定に基づく協議機関）で了解された沖縄使用にかんする秘密合意である。だが、住民がそのことを知るのは、復帰翌年、県道104号線をまたぐ実弾砲撃演習が実施され通行禁止となったことによってだった。米指揮官は「県道は提供施設であり日本政府も同意している」と抗議をはねつけた。県知事も知らなかった「5・15メモ」について、政府は「合同委員会合意は秘密事項である」との理由をあげて公表を拒否した。

この秘密合意は、米軍基地の使用条件について復帰前の権限を保証するものであったが、その全文が公表されたのは1998年になってである。情報公開には、95年に起きた米海兵隊員による「少女暴行事件」という痛ましい事件の発生、それを機に県民の怒りが爆発するのを待たなければならなかった。

こうした、復帰後も変わらない基地の過密状態、また使用条件における軍政下時代とおなじ占領者意識を日常的に見せつけられながら、県民のだれが「辺野古が唯一の選択肢」という説明に納得するだろうか？　それは日本政府による〈第二の鉄の暴風〉ではないか？

実弾は飛ばない。だが、それ以上の残酷な政治——大浦湾のサンゴ礁を死滅させ、「美（ちゅ）ら海」が未来永劫〈死の海〉となる破壊——が、「辺野古新基地」にあたいする「唯一の選択肢」なのだろうか？

飽和状態にある沖縄基地をどうするか

これまで見てきたとおり、戦後沖縄の民衆運動は、「異民族支配からの脱却」「基地苦の解消」「平和憲法への復帰」実現をめざし、たゆみなくつづけられてきた。瀬永亀次郎（沖縄人民党委員長）、阿波根昌鴻（伊江島生活協同組合）、上原康助（沖縄全軍労委員長）、屋良朝苗〜大田昌秀（県知事）たちが、「基地なき沖縄」運動の先頭に立った。

いま、玉城デニー知事に——志なかばで倒れた翁長雄志知事の遺志——「辺野古新基地建設阻止」の使命が託されている。埋め立てに向けた土砂投入が開始されても、知事の姿勢に揺らぎはない。埋め立て現場では、沖縄平和運動センターの山城博治議長をリーダーとする現地行動団に、全国からかけつけた老若男女もくわわり、「連日行動集会」をかさねながら抗議と阻止のたたかいがつづいている。この意志の結集がつづくかぎり、政府のいう「普天間飛行場移設」は〈どの時点かは不明であるにせよ〉挫折・破綻をまぬがれないだろう。

1月6日に放映されたNHKの番組で安倍首相は、「土砂投入に当たり、あそこのサンゴは移植している」と虚言を述べた。苦しまぎれのこのウソは2月の予算国会できびしい追及を受けるにちがいない。この発言から、さすがの首相も（反省ではないが）ある種の〈やましさ〉を感じているように受けとれる。サンゴ問題のほかにも、今後突きつけられる「軟弱地盤問題」という構造的難問、さらに「県外からの埋立て土砂搬入」が問われる法的側面もある（北上田報告）。前途多難というより〈お先真っ暗〉とすべきだろう。

それ以前に、「辺野古NO！」の原点とすべきは、「なぜ、いまさら沖縄に新基地を？」という根本的な疑問である。日本国土の0・6％を占めるしかない県土に、米軍専用基地の7割余、海兵隊基地のほぼ全部が集中する異常さに上乗せして、新基地を〈県内たらい回し〉の手法で押しつけ、それを

「唯一の選択肢」と弁解してはばからない政治のありかたに、(どこに住んでいようとも)国民のひとりとしての怒りを覚えずにはいられないはずだ。辺野古新基地は、民主主義、地方自治の見地から考えても法治国家のタガを外す行為といわなければならない(白藤報告)。「普天間返還」と「辺野古新基地」をバーターにするための論理、「沖縄海兵隊抑止力論」の背景に、沖縄をふたたび〈戦争の島〉に変えるたくらみ(飯島報告)があることを知ればなおさらである。

おしまいに、まっすぐな目で未来を見つめる少女の詩を紹介しよう。

２０１８年６月２３日の「沖縄戦慰霊の日」に、浦添市立港川中学校３年の相良倫子さんが読み上げた「生きる」の冒頭部分である。

私は、生きている。
マントルの熱を伝える大地を踏みしめ、
心地よい湿気を孕んだ風を全身に受け、
草の匂いを鼻孔に感じ、
遠くから聞こえてくる潮騒に耳を傾けて。
私は今、生きている。
私の生きるこの島は、
何と美しい島だろう。

相良さんの詩は、沖縄戦の悲惨を回顧、鎮魂したのち、こうむすばれる。

摩文仁（まぶに）の丘の風に吹かれ、
私の命が鳴っている。
過去と現在、未来の共鳴。
鎮魂歌よ届け。悲しみの過去に。
命よ響け。生きゆく未来に。
私は今を、生きていく。

こうした若い世代がいるかぎり、また、1950年代の「乞食行進」にはじまる反基地民衆運動の伝統が脈々と継承されているからには、たとえ、大浦湾が土砂投入で一時濁ったとしても、いつか原状回復がなされ、「私の生きるこの島は、何と美しい島だろう」とたたえる日が、かならずやってくるだろう。

本ブックレットの構成

このブックレットは、以上の問題意識をもとに、つぎの5つの報告で構成される。
①軟弱地盤の問題等、新基地建設の完成はありえないことの論証——北上田　毅
②行政不服審査制度の濫用。地方自治制度を崩壊させることの批判——白藤博行
③新基地建設が南西諸島での自衛隊の強化、日米軍事一体化につながる事実指摘——飯島滋明
④日米地位協定が国内法に優越している従属性の問題——佐々木　健次
⑤山城・稲葉裁判が問いかけている「市民抵抗」についての課題——山城博治
これら各論のなかで論じられるのは、「普天間基地と辺野古へ」とする「唯一の選択肢」にたいする

具体的な反論と反証である。「軟弱地盤」の指摘から「地方自治」にわたる批判、また、新基地が「日米軍事一体化」の基盤となることへの危惧と、それをささえる「日米地位協定」の従属性、さらに、山城博治・平和運動センター議長逮捕と〈人質司法〉にあきらかな「市民抵抗」弾圧の側面など、さまざまな論点から「普天間・辺野古問題」が論じられている。各執筆者の専門分野にわたる直言に耳を傾けてほしい。

同時に、このブックレットは「辺野古のいま」についての最新報告でもある。読み、また携えて、辺野古闘争に参加されることを切望してやまない。

第2章　辺野古新基地建設が頓挫する2つの理由
――「軟弱地盤問題」と「県外からの埋立土砂搬入ができなくなる」

北上田　毅

２０１８年１２月１４日、とうとう辺野古の海に土砂が投入された。

政府は、「かってない大きな一歩」と強調、多くのマスコミも、土砂投入の状況を時間を繰り返し放映した。その後も、連日のように「国、埋立加速」、「辺野古、土砂広がる」といった報道が続いている。

そのため、辺野古新基地建設は、もう後戻りのできない段階に入ってしまったと思われる人が多いかもしれない。

確かに、土砂投入が始まり、大幅に遅れていた辺野古新基地建設が新しい局面に入ったことは事実である。しかし、事態を冷静に分析してみよう。現在、辺野古の工事はどうなっているのか？　本当にもう取り返しのつかない事態となったのか？　辺野古新基地はつくられてしまうのか？

以下、これらの点を検討する。

写真１　始まった土砂投入。非常に浅い海域であることが分かる。（2018 年 12 月 18 日撮影）©沖縄ドローンプロジェクト

なお、辺野古新基地建設事業全般の経過と問題点については、山城博治、北上田毅著『辺野古に基地はつくれない』（岩波ブックレット）を参照されたい。本稿では、主に、それ以後の問題についてまとめている。

第1．土砂投入が始まったけれど――またも繰り返された違法工事

1．知事の承認を得ないまま工程を変更し、辺野古側からの埋立開始

沖縄県は、2018年8月31日、辺野古新基地建設のための公有水面埋立承認を撤回した。ところが政府は、本来、国民救済のための制度であり、国の機関は使えないはずの行政不服審査法を濫用し、沖縄防衛局長の申立を国土交通大臣が認めるという「自作自演の茶番劇」で、撤回の効力を一時停止してしまった。

執行停止決定が無効である以上、県の承認撤回は継続しており、防衛局は埋立工事を行なう権限を喪失していることから、今回の土砂投入は違法である。

さらに、具体的な土砂投入の状況にも多くの問題がある。

今回、土砂投入が強行されたのは、辺野古側の「②―1区域」である（図1）。

防衛局が沖縄県に提出した埋立承認願書では、埋立工事は、辺野古ダム周辺の土砂を使って、大浦湾最奥部の「①―1区域」から始めるとされていた。そして、大浦湾沿岸部の「①―2区域」の埋立に入る。辺野古側の「②区域」「②―1区域」の埋立は、その後に着手する計画だった。

しかし大浦湾での工事は、サンゴ類移植のための特別採補許可が必要であり、さらに後述する軟弱地盤等の問題のため、防衛局は施工順序を大幅に変更。工事の容易な辺野古側から埋立工事を始めた

のである（図1）。

このような工程変更は、本来なら、公有水面埋立法に基づく設計概要変更申請を提出し、知事の承認を得なければならない。さらに環境保全図書の変更でもあるから、埋立承認の際の留意事項に基づく知事への変更申請[注1]が必要である。

しかし今回は、いずれの手続も行なわれていない。また、留意事項に基づく、実施設計の事前協議も行なわれていない。これらの問題は、県の埋立承認「撤回」の理由の一つとされている。

「②—1区域」は冒頭の写真のように非常に浅い海域であるため、少しの土砂で埋立は進む。当初の予定を変更し、工事の容易な区域での土砂投入を始めたのは、県民に工事の進捗を見せつけることにより、「もう今更反対してもだめだ」という諦めの意識を植え付けようとしているのである。

2．今回の埋立区域は、面積で4％。土量では0・7％弱にすぎない——原状回復はまだ可能！

今回、辺野古側の埋立土砂はすべて海上搬送さ

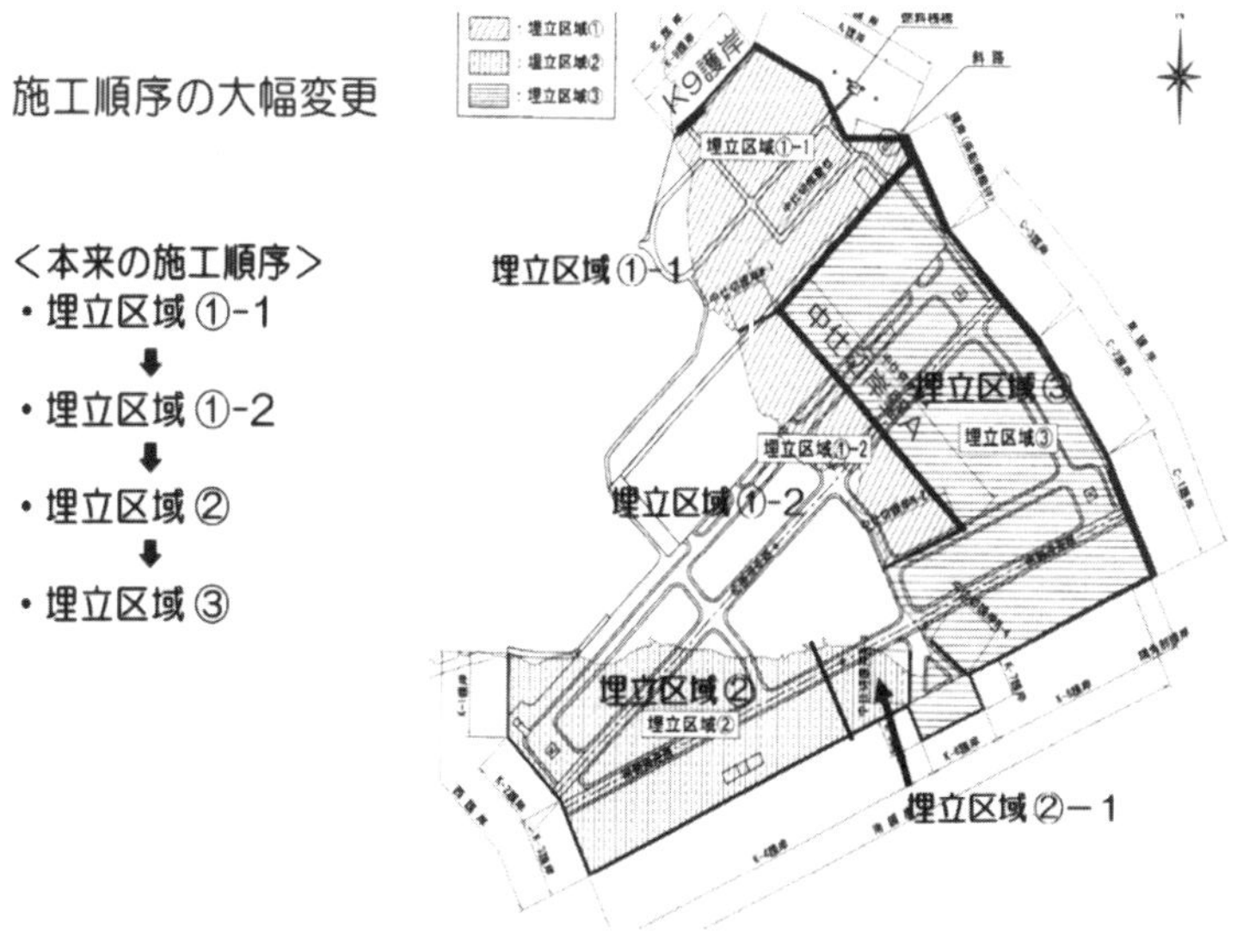

図1　当初予定されていた施工順序（沖縄防衛局の埋立承認願書に筆者が加筆）

れる。これは、埋立承認願書の「設計の概要」や添付の「埋立に用いる土砂等の採取場所及び採取量を記載した図書」（以下、「土砂に関する図書」）に明記されており、陸上搬送を行なうには設計概要変更申請、さらに留意事項に基づく知事の承認が必要であるため、すぐにはできない。

当初の計画では、辺野古側の埋立土砂は、「①―2区域」完成後に中仕切岸壁Aに土砂運搬船を横付けして陸揚げするとされていた。しかし、工程を大幅に変更したため、現状では土砂の陸揚場所はK9護岸の場所に造った仮設護岸しかない。1日の陸揚量は限られており、このままでは、土砂の陸揚げには大変な手間暇が必要となる。まだ、埋立工事に着手する準備が整っていないのだ。

それにもかかわらず、慌てて辺野古側の土砂投入に踏み切ったのは、2019年2月24日の県民投票を前にして、県民の諦めを誘うためのパフォーマンスである。

今回、土砂投入が始まった「②―1区域」の面積は6・3ha、全埋立面積（160ha）の約4％である。ただ、非常に浅い海域であるため、埋立てに必要な土量はごくわずかである。

現在、始まったのは、2018年3月に契約された「シュワブ（H29）埋立工事（3工区）」（大林組・東洋建設・屋部土建共同企業体。契約額：約69億円）の一部である。最終の完成高（「基準高＋5・7～10・0m」）まで土を入れるものではなく、「基準高＋4・0m」の高さまでの埋立である（これを「一次埋立」という）。必要な土量は、13・75万㎥となっている。工期は20カ月。すなわち、20カ月後に「②―1区域」の一次埋立工事が完了しても、まだ、全体の埋立土量（2062万㎥）から見るとわずか0・7％弱にすぎないのだ。

この程度の土量で抑えることができれば、まだ原状回復は不可能ではない。もちろん、土砂投入により、環境への致命的な影響を与えていることは事実である。しかし、一刻も早く土砂投入を中止させ、土砂を引き上げさせれば、まだ自然の回復力によって海は戻るだろう。(注2)

玉城デニー知事は１２月２１日、防衛局の土砂投入強行に対して、「土砂投入を即刻中止するとともに、既に投入された土砂を速やかに撤去すること」という行政指導を行なった。さらに、１２月２７日の記者会見でも、「違法に投入された土砂は当然に回復されなければならない」と強調している。

その後、２０１９年に入って防衛局は、３月下旬から「②区域」にも土砂を投入すると県に通知した。この区域にも土砂が投入されれば、全体の埋立土量の６％となる。

しかし、現状では大浦湾のＫ９護岸しかないため、土砂の供給が追いつかない。そのため防衛局は、１月末から大浦湾の中仕切護岸Ｎ４、外周護岸Ｋ８護岸の造成に着手した。大浦湾側では軟弱地盤等の問題により工事の目処が全く立っていないのに、本来の目的ではない陸揚用桟橋とすることは許されない。また、本来移植対象であるサンゴ類がすぐ近くにあるにもかかわらず、無視したまま工事を強行している。

３．民間桟橋からの土砂海上搬送に伴う多くの違法行為

当初、埋立土砂の海上搬送を予定していた本部港（塩川地区）が、２０１８年９月末の台風のために損傷し、２０１９年の３月頃まで使えなくなった。そこで政府は１２月３日から、名護市の琉球セメントの私設桟橋を使って土砂搬送を始めた（写真２）。しかし当初は予定されていなかった無理な計画だったから、多くの問題が浮上している。

写真２　土砂積出しが始まった琉球セメント安和桟橋。点々と見えるのは抗議のカヌー。（2019 年 1 月 19 日撮影）©沖縄ドローンプロジェクト

まず、願書に添付された「土砂に関する図書」には、埋立土砂は本部地区の港から積出すと示されている。それを変更して名護市の港から海上搬送するには、埋立承認の際の留意事項に基づき、知事の承認を得なければならないが、防衛局はその手続をとっていない。

琉球セメントの桟橋は、公共の海を一企業が独占的に使用するもので、知事の公共用財産使用許可を得たものである。しかし、あくまでもセメント製造・出荷等のために特に許可されたものだ。辺野古への土砂積出は、「目的外使用」、「第三者への転貸」であり、公共用財産管理規則や許可条件に違反する。

また、桟橋設置の完了届も出されていない。桟橋に設置されたベルトコンベアは大気汚染防止法の届出では「石材・石炭搬送」とされており、土砂を搬送するには変更手続をしなければならない。さらに、桟橋の敷地内に大量の土砂を積上げていることも沖縄県赤土等流出防止条例(注3)、大気汚染防止法(注4)に違反する。何もかもが違法なのだ。

防衛局は、市民らの抗議や県の指摘を受け、いったん積込作業を停止せざるを得なくなった。しかし、琉球セメントに完了届を提出させ、赤土等流出防止条例違反が指摘されている敷地内に積上げた土砂を使わず、砕石場から土砂をダンプで運んで直接、運搬船に積み込むという方法で海上搬送を開始したのである。その土砂が12月14日から辺野古の海に投入されている(赤土等流出防止条例違反の敷地内に積まれていた土砂も、そのまま海に投入された)。

4．土砂の採取場所の届けもなく、土砂の性状にも〝重大な疑義〟

知事は、こうした防衛局の違法工事に対して、3回にわたって土砂投入の中止を求める行政指導を行なった。①政府が行政不服審査法を濫用して埋立承認を撤回したのは違法であること、②実施設計・環境保全対策の事前協議が行なわれていないこと、③変更承認を得ずにＫ９護岸を陸揚げ桟橋として使用していること、④土砂に関する図書や埋立承認願書に記載されている土砂採取場所の報告が行なわれていないこと、⑤埋立土砂の購入時の性状確認が実施されていないことなどを問題としている。

まず、土砂採取場所が明らかにされていない。埋立承認願書には、「土砂に関する図書」を添付し、土砂の採取場所と採取量を記載することとされている。しかし今回の事業では、「埋立承認後に――土砂供給業者と土砂購入に係る契約を締結する予定であることから、当該契約を締結した段階でその採取場所等は確定することになる」（「土砂に関する図書」）として、事前の調査で調べたいくつかの地区の岩ズリ[注5]のストック量が示されているにすぎない。事業が始まった後も、「土砂の採取場所は現時点ではまだ決定していない」（２０１６年４月２６日衆議院沖縄北方特別委員会）とされていた。土砂採取場所が決まれば県への届出が必要だが、防衛局はその届出も行なわずに埋立土砂の投入を始めたのである。

また、１２月３日に持ち込まれた土砂は、赤土等の粘土分を大量に含んだ土砂であったため、さらに新たな問題が発生した。

防衛局は県の指摘により、１２月１４日、土砂を投入した後に土砂の性状検査報告書を慌てて提出した。ところが、いくつかの検査の日付が２年半以上も前のものであることや、実際に投入された土砂は明かに赤土等の粘土分を大量に含んでいるにもかかわらず、検査結果で

写真３　沖縄島北部・本部地区の広大な砕石場（鉱山）
©沖縄ドローンプロジェクト

は粘土分はほとんど含まれないとされているなどの不可解なものであった。

特に問題となるのが、土砂の細粒分含有率の問題である。細粒分含有率とは、地盤材料（粒径75㎜未満）に含まれる細粒分（粒径0・075㎜未満）の割合で、数値が大きくなるほど粘土分の割合が多いこととなる。50％以上は粘土、15％未満は砂と分類される。

防衛局の埋立承認申請前の資料(注6)では、「岩ズリの細粒分含有率は2～13％」と明記されており、埋立承認願書に添付された環境保全図書でも、「細粒分含有率は概ね10％前後」として濁りの拡散予測を行なっている。防衛局は埋立承認申請の審査の過程でも、県の質問に対して、やはり「2～13％」と答えている。

ところが、今回、防衛局が発注した埋立工事の特記仕様書では、「細粒分含有率40％未満」と指定しているのだ。細粒分含有率が40％となると、これはもう粘土に近い。今回、現場に持ち込まれた赤土等の粘土分を大量に含んだ土砂の細粒分含有率は40％前後か、あるいはそれ以上のものであろう。

しかし、防衛省幹部は国会で、今回、埋立に用いている土砂について「搬入前に確認を行なっており、細粒分含有率は概ね10％前後であった」と答弁し（2018年12月6日　参議院外交防衛委員会）、県に提出した土砂の性状検査報告書でもそのようなデータが示されているが、あの赤土等の粘土分を大量に含んだ土砂が、細粒分含有率10％であることはあり得ない。

そもそも環境保全図書では10％前後としておきながら、特記仕様書で40％と指示したことが問題であった。これは環境保全図書の大幅な変更であるから、業者との契約前に、埋立承認の際の留意事項に基づき、知事への承認申請が必要であった。

県も、あまりに不可解な土砂の性状検査報告書に呆れ、「検査対象の土砂の性状が、既に投入された土砂と同一のものであるかにつき重大な疑義が生じている」（知事の行政指導文書 ２０１８年１２月２１日）と指摘している。

知事は土砂投入の中止を求めると同時に、「県の立入検査を受け入れ、検査のための土砂の提供に応じること」などを指示したが、防衛局は、「県が立入調査を求める法的根拠はない」として、今も応じないまま、土砂投入を強行している。

第２．軟弱地盤問題で工事は頓挫する——知事は設計概要変更申請を承認しない

１．大浦湾に活断層の可能性——直下型地震や大津波の恐れ

大浦湾の海底部には活断層の存在が指摘されている。

防衛庁（当時）が２０００年に公表した大浦湾の「推定地層断面図」（図２）には、海底部に６０ｍの落込があることが示されていた。防衛庁はこの落込みを、「断層によると考えられる」としたが、加藤祐三琉球大学名誉教授や立石雅昭新潟大学名誉教授らは、この「落込み」を、「活断層と推定される」と指摘してい

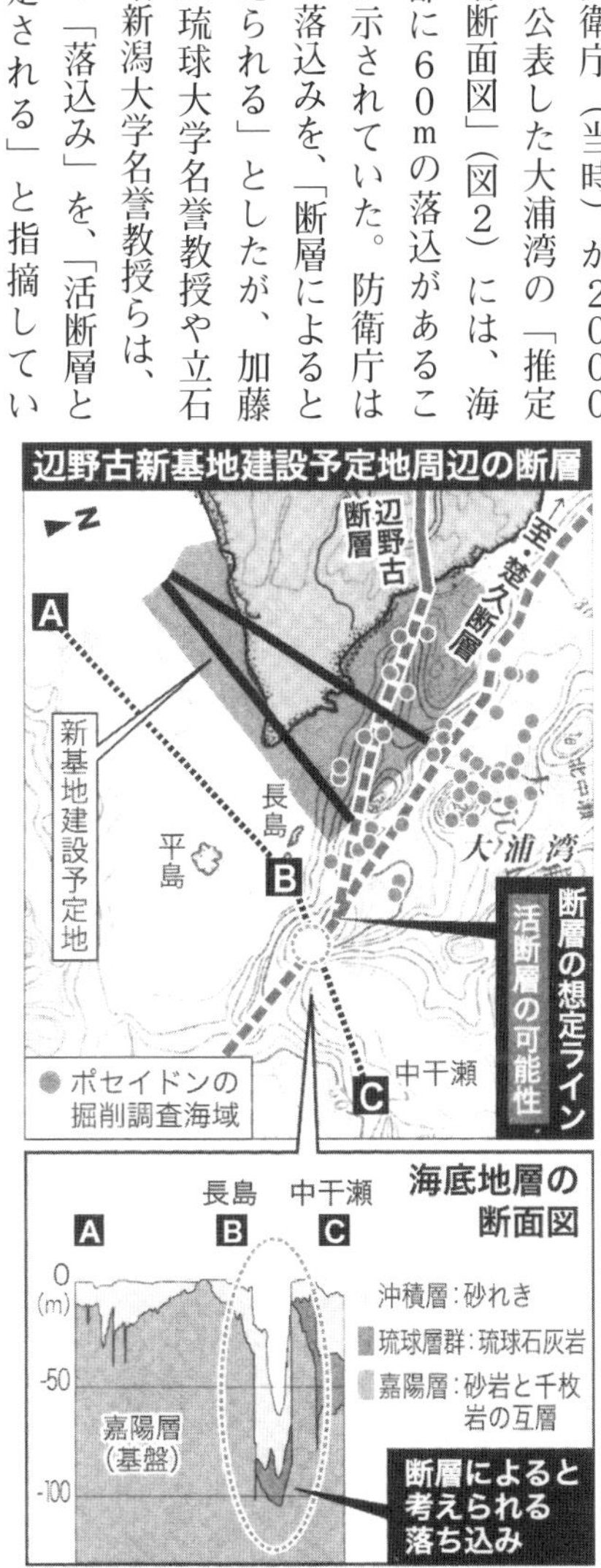

図２　辺野古新基地建設予定地周辺の断層
（琉球新報 2017 年 10 月 25 日付より転載）

る。辺野古沿岸部付近の陸上部には、辺野古断層と楚久断層が走っている。『名護・やんばるの地質』（名護博物館）や『新編　日本の活断層』（活断層研究会　東京大学出版会）では、この2つの断層を「活断層」「活断層の疑い」等と記載している。

上記の大浦湾の落込みは、これらの断層の延長上に重なっているのだ。

政府はこうした指摘に対して、「既存の文献によれば、辺野古沿岸域における活断層の存在を示す記載はないことから、—活断層が存在するとは認識していない。このため、辺野古沿岸域における海底地盤の安全性については、問題ないものと認識している」と弁明してきた。

前述の文献等を無視しているのもおかしいが、そもそも、「既存の文献」を持ち出すまでもない。防衛局は2014年以降、毎年、海上ボーリング調査を続けている。活断層の存在を否定するのであれば、これらの土質調査や音波探査のデーターを全て提出し、科学的に説明する責務がある。

活断層の上に、大量の燃料や、弾薬・化学物質等を扱う軍事施設を建設できないことはいうまでもない。直下型地震や大津波が発生すれば、その被害や環境破壊は想像を絶するものとなる。辺野古新基地の立地条件そのものが根底から問われているのだ。

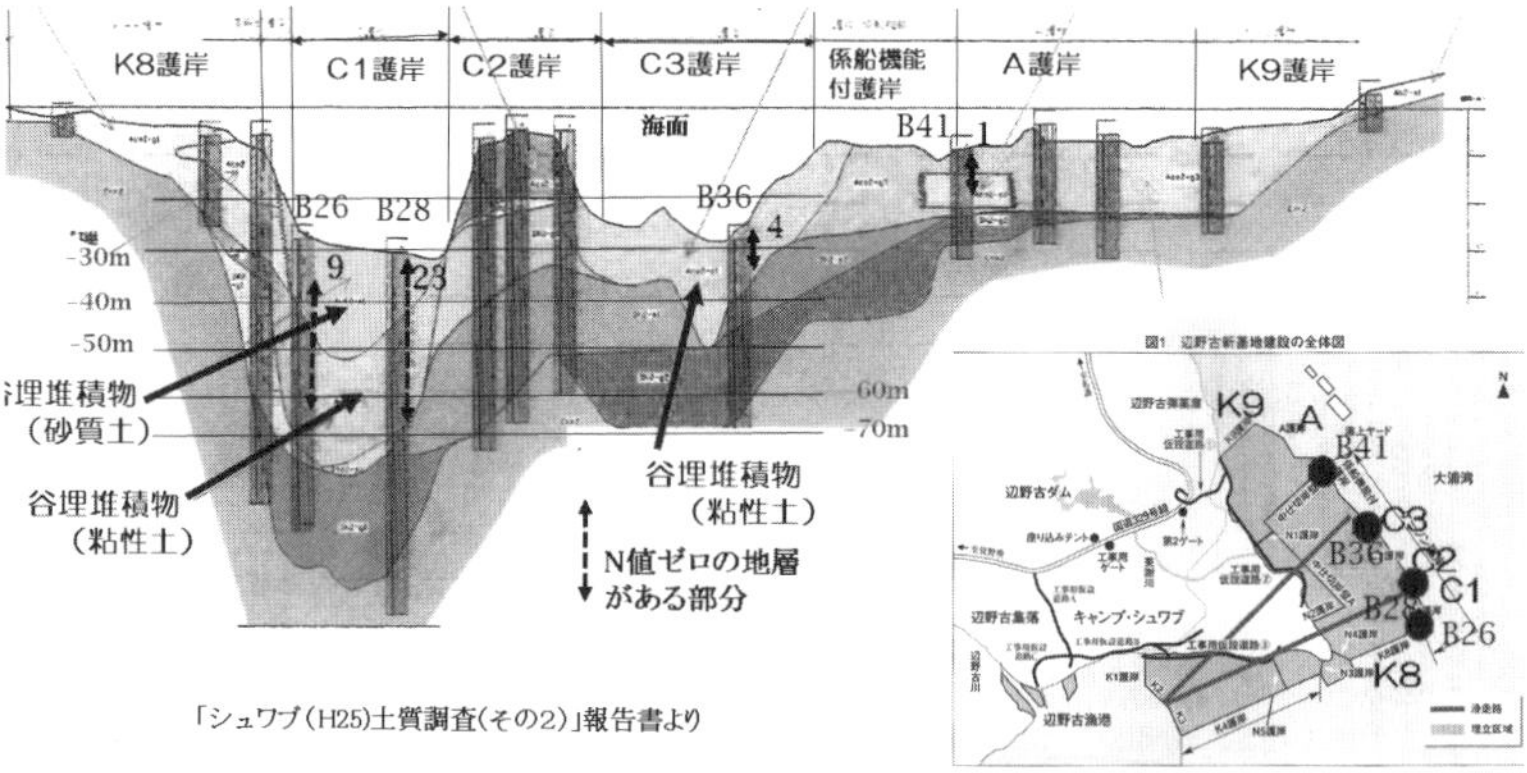

「シュワブ(H25)土質調査(その2)」報告書より

図３　水深 30m の海底に厚さ 40m もの軟弱地盤。
（シュワブ（H25）土質調査報告書に筆者が加筆）

沖縄県は、この活断層問題も埋立承認「撤回」の事由の一つにした。

２．防衛局が隠し続けていたマヨネーズのような超軟弱地盤の存在

２０１８年3月、筆者らの公文書公開請求に対して、最初に行なわれた「シュワブ（H25）土質調査（その2）」と「シュワブ（H26）土質調査」の報告書が初めて公開され、驚くような事実が明らかとなった。

２４本のボーリング調査の結果、大浦湾のケーソン護岸設置箇所の水深３０mの海底に、厚さ４０mにもわたってほとんどN値ゼロという超軟弱地盤が拡がっていることが判明したのである。図3のB28地点が最も深刻だが、B26、B36、B41地点等でもN値ゼロの地層が確認されている（さらに、護岸の下部地盤だけではなく、大浦湾の「③区域」一帯にも、厚い軟弱地盤の存在が示されている）。この調査報告書は２０１６年3月に出されていたが、防衛局は2年間、その事実を公表してこなかった。

N値とは、ボーリング調査の標準貫入試験で、掘削孔にサンプラー（試験杭）を設置し、７５cmの上から重さ６３・５kgのハンマーを落下させて、サンプラーを３０cm打ち込むのに必要な打撃回数をいう。N値が大きいほどその地盤は強固ということになる。大型構造物の基礎としてはN値５０以上が望ましいと言われている。今回のN値ゼロという調査結果は、サンプラーをセットしただけでそのまま地中に沈んでしまったことを示している。まるで「マヨネーズ」のような超軟弱地盤なのだ。

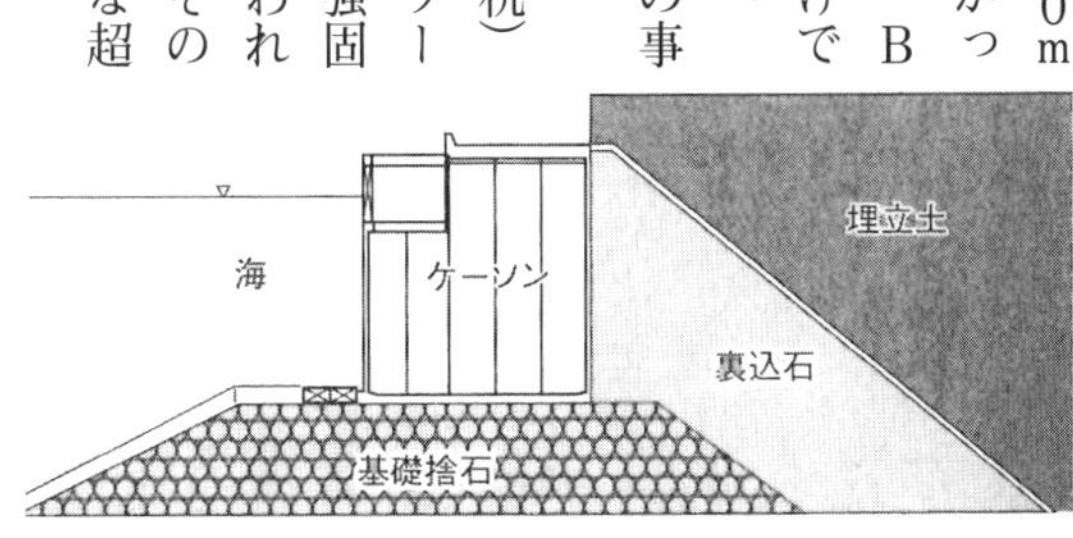

図４　ケーソン護岸の構造（世界 2018 年３月号より転載）

大浦湾は水深が深いため、基礎部分に厚く石材（捨石）を敷き詰め、その上にケーソン（大きなコンクリートの函）を置いて護岸とする（図4）。設置されるケーソンは総数38個、大型のものは長さ52m、高さ24m、幅22mという巨大なもので、中詰土を別にしても一個7千トン以上もある。基礎捨石は、最大2000kgもの大きな石材だが、N値ゼロの地盤に置いたとたん、そのまま40m下までズブズブと沈んでしまうだろう。ケーソン護岸や基礎捨石を現状の計画のまま造成・設置することは不可能である。

この調査結果は、前記ボーリング調査の報告書でも「当初想定されていない地形・地質」とされているように、防衛局にとってもまったく想定外のものであった。当初のケーソン護岸の設計条件は、「厚さ15mの沖積層（砂層）、N値11」、「基礎地盤については、砂・砂礫層が主体であり、長期間にわたって圧密沈下する軟弱な粘性土層は確認されていない」とされていた（埋立承認願書の設計概要説明書、環境保全図書）。当初の設計条件がまったく誤っていたこととなり、設計の全面的なやり直しが必要となっている。

このため前記報告書でも、「構造物の安定、地盤の圧密沈下、地盤の液状化の詳細検討が必須である」と結論している。基礎地盤の広範な地盤改良工事、ケーソン護岸の大幅な構造変更が不可欠なのだ。

このように軟弱な海底地盤を改良するには、大量の砂杭を打ち込むサンドコンパクションパイル工法等が考えられる（政府は6万本もの砂杭を想定しているという）。しかし、水深も深いことから極めて難工事となり、巨額の経費と長い工期が必要となる（県は、辺野古新基地建設事業の総事業費は2兆5500億円、今後13年の工期が必要と試算している。そのうち地盤改良工事だけでも、500億円。工期5年を要するという）。

さらに問題は、工事が技術的に可能かどうかということだけではない。貴重な自然環境を有する大浦湾で、このような大規模な地盤改良工事を実施すれば、環境に致命的な影響を与える。

沖縄県もこの軟弱地盤問題を特に重要視している。翁長前知事も「仮に軟弱地盤改良工事により本件埋立事業を遂行することができたとしても、深い海底に厚い軟弱地盤の層が存在しているため、地盤改良工事により生じる濁りの拡散を防止することは不可能であり、一旦濁りが拡散すれば、——代替性のない貴重な自然環境を脅かすこととなる。さらに水深数十ｍの海底に、数十ｍの厚さの軟弱地盤が存在しているのであるから、大規模な軟弱地盤改良工事を行なうならば、本件埋立事業はこれからどれだけの長い年数を要するのか見当をつけることもできない」（埋立承認「撤回」に向けた聴聞理由書　２０１８年7月３１日）と指摘し、その後の県の埋立承認「撤回」も、この軟弱地盤問題を最大の理由とした。

基礎地盤改良工事やケーソン護岸の構造変更は、埋立承認願書の「設計の概要」の変更となるから、公有水面埋立法に基づく知事の承認が必要となる。知事が承認しない場合、その時点で辺野古新基地建設事業は頓挫するのだ。

3．政府もとうとう軟弱地盤の存在を認めざるを得なくなった

軟弱地盤問題について政府は、「地盤の強度等につきましては、標準貫入試験のみならず、現在も引き続き、さらなる室内試験を含みますボーリング調査等を行っているところです。このボーリング調査の結果だけでは地盤の強度を正しく判断できる段階にはありません」（２０１８年

写真４　日本でも最大級の調査船・ポセイドンまで動員してボーリング調査が続けられた。（2017 年２月６日　著者撮影）

3月22日　衆議院安全保障委員会）などと、地盤の強度は未だ分からないと逃げ続けてきた。

軟弱地盤の存在を認めれば、知事への設計概要変更申請が不可避となるので、知事が今後の新基地建設事業の帰趨を握っていることが明らかになってしまう。少なくとも秋の知事選までは、辺野古問題を争点から外すために、「調査中」として避けてきたのである。

防衛局は、公開した2件のボーリング調査以降も、日本でも最大級の大型調査船「ポセイドン」まで動員して、大規模な土質調査を続けてきた（写真4）。筆者は2018年5月、軟弱地盤問題の全容を明かにするため、その後の土質調査資料の公文書公開請求を行なった。ところが防衛局は、これらの文書は「不存在」だとして不開示決定としてしまった。以前、県がこれらの資料の提出を求めたが、防衛局は「現在、調査実施業者において作成中であり、当局として未だ受領していないことから、現時点において、お示しすることはできません」と回答している。今回の「不存在」も同じ理由である。そのため、筆者は7月、国を相手に、防衛局の不開示決定処分を取消し、開示を求める訴訟を提起し、現在も係争中である。

しかし2018年秋の沖縄知事選で玉城デニーさんが圧勝し、政府の目論見は狂ってしまった。いつまでも軟弱地盤の存在を否定し続けることはできない。防衛局は現在、なし崩し的に「軟弱地盤であっても地盤改良工事により解決できる」と、その主張を変え始めている。

防衛局は、2018年10月16日、沖縄県の埋立承認撤回に対して、国土交通大臣に行政不服審査請求を行なったが、その請求書の中で初めて軟弱地盤の問題に触れた。

「24本のボーリング調査等から仮定した地盤強度等を前提とした場合に、C1護岸、C3護岸及び大浦湾の埋立地の施工は、一般的で施工実績が豊富なサンドコンパクションパイル工法及びサンドドレーン工法を用いて地盤改良工事を行なうことにより所定の安定性を確保して行なうことが可能であって、これらの工法による環境負荷もおおむね当初の環境保全図書で予測された範囲であり、これを大きく逸脱することもないものと考えられる」。

さらに岩屋防衛大臣は、12月14日、土砂投入を強行した際の記者会見で、「仮に軟弱地盤が見受けられたとしても、工法によって解決・克服することは可能だと考えている」と強調した。

しかし防衛局は、軟弱地盤改良工事が可能で環境への影響もないという具体的な根拠を示してはいない。そもそも、これらの主張は政府・防衛局の「願望」にすぎない。軟弱地盤改良の設計概要変更申請の審査をするのはあくまでも沖縄県知事である。

玉城デニー知事は、2018年11月のアメリカ訪問の際、米政府高官に軟弱地盤問題を説明した。また、政府との集中協議でも、地盤改良のための設計概要変更申請の承認は難しいという見解を伝えている。

2018年12月、防衛局が本年度予算に計上していた大浦湾側での護岸工事費用約525億円が未執行のため不用額として国庫に返納された。2019年度の予算案への計上も見送られた。何時、着工できるのか、全く目処も立たないのだ。

この軟弱地盤問題は、政府にとっても最大のアキレス腱となっている。いくら工事の容易な辺野古側での土砂投入を強行しても、大浦湾側での工事は実施不可能なのだ。

安倍首相は2019年1月末の衆議院本会議で、大浦湾の軟弱地盤の存在と地盤改良工事の必要性を初めて認め、2019年中に知事に設計概要変更申請を行なうと表明した。

護岸基礎部分、埋立区域の57ha（大浦湾側の埋立区域の約半分にあたる）で、合計6万本もの砂杭（砂柱）を打設して地盤を改良することが明らかになった。しかし、工事の実現可能性、大浦湾の環境に与える影響等への疑問から、知事は設計概要変更を承認することはあり得ないと思われる。

辺野古新基地建設事業が頓挫する可能性はますます強まってきている。

第3．特定外来生物の駆除策がなく、県外からの埋立土砂搬入ができなくなる

1．県外からの土砂搬入で危惧される特定外来生物の侵入

沖縄県は、亜熱帯海洋性気候に属し、海で隔絶されていることもあって、他県とは異なった独特の生態系が維持されている。このような生態系を脅かす外来生物の侵入を防止する対策は特に重要である。

今回の事業で特に問題となるのは、埋立のために県外から大量の土砂が持ち込まれることだ。埋立に必要な土砂2062万㎥のうち、購入土（岩ズリ）の量は1644万㎥である。土砂の採取地は未だ確定していないというが、防衛局が沖縄県に提出した埋立承認願書に添付された「土砂に関する図書」では、沖縄島（本部・国頭）と県外の瀬戸内地区（小豆島）、門司地区（北九州市・山口県防府市・同周南市）、天草地区、五島地区、佐多岬地区、奄美大島地区、徳之島地区等から採取するとされている（防衛局は各地区の岩ズリのストック量しか公表していないが、ストック量の7割以上が県外の採取地である）。

県外からの土砂搬入により、沖縄島の生態系に有害な外来種が持ち込まれる可能性が高い。特に危惧されるのはアルゼンチンアリ、ヒアリ、セアカゴケグモ等の特定外来生物の侵入である。県は、今回の埋立承認の際の留意事項でも、「特に、外来生物の侵入防止対策について万全を期すこと」と指摘している。また、2016年9月、世界170カ国以上の政府やNGOで構成する国際自然保護連合（IUCN）は、日本政府に対して、辺野古新基地建設事業に伴う、県外からの土砂搬入による外来生物の混入について防止対策の徹底を求める勧告を採択した。

沖縄県では２０１５年１１月、「公有水面埋立事業における埋立用材に関わる外来生物の侵入防止に関する条例」（以下、「土砂条例」）が施行された。この条例では、予定日の９０日前までに混入防除策等を提出させ、知事は立入調査等の結果、埋立用材に特定外来生物が混入していると認めるときは、防除の実施又は使用の中止を勧告することができる。

土砂条例の最初の適用例となったのは、２０１６年の那覇空港第二滑走路埋立事業での奄美大島からの石材搬入だった。条例に基づく沖縄総合事務局の届出書では、「特定外来生物は確認されていない」とされていたが、県が現地に立入調査を行なったところ、すべての砕石場と搬出港でハイイロゴケグモ等の特定外来生物が見つかった。そのため県の指示により、ダンプトラックに石材を積み込んだ後、シャワーで１２０秒間洗浄する等の対策が講じられた。

石材であれば十分に洗浄すれば、特定外来生物はある程度除去できるかもしれない。しかし、今回の埋立に用いる岩ズリは大部分が土砂であるから、洗浄すればほとんど流れてしまう。そのため、どのような駆除策を行なうのかが大きな問題となっていた。

２０１７年１２月、防衛省は環境団体との交渉の場で、「現在、セアカゴケグモ、アルゼンチンアリ等の特定外来生物を飼育し、一定時間高温処理を行って生死を確認する試験を行っている」と初めて明らかにした。また植物類については、高熱処置、燻蒸処理、塩水（海水）処理等を行なって効果を観察すると説明した。

防衛局がこのような実験を始めたということは、岩ズリの場合、洗浄では特定外来生物を除去することはできないこと

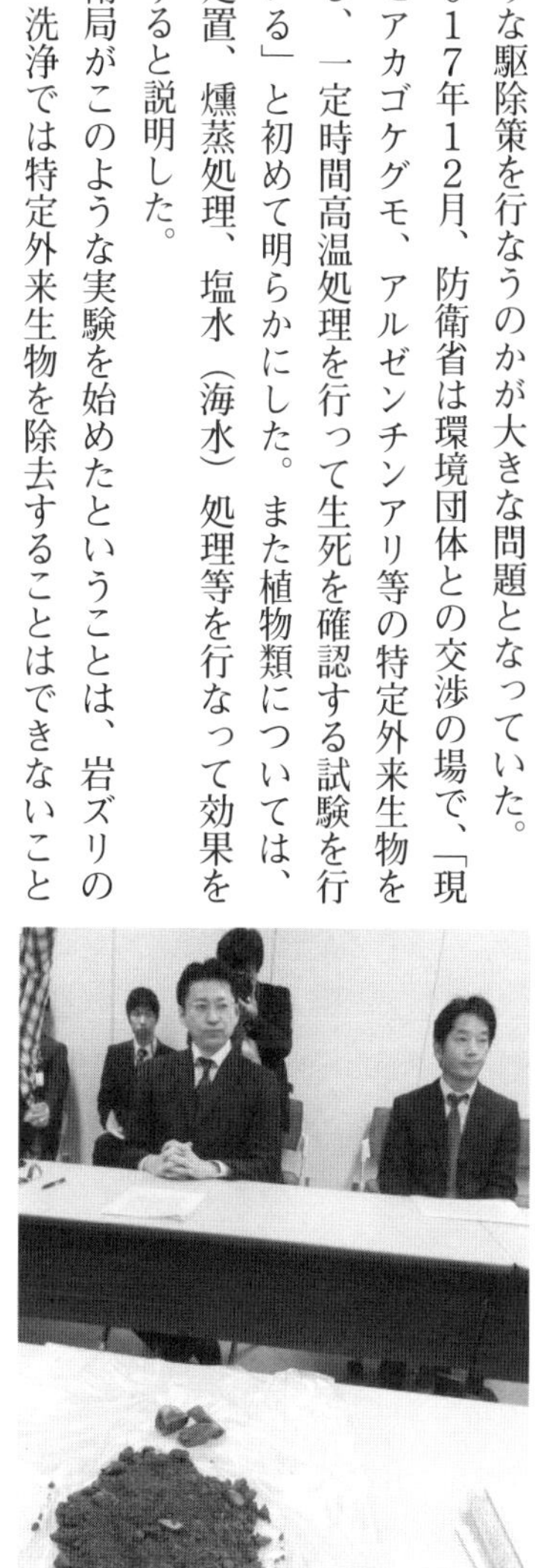

写真５　土砂全協の沖縄防衛局との交渉では、奄美大島の岩ズリをテーブルに広げて追求した。（2017 年 2 月 13 日　著者撮影）

を認めたことを意味している。

この実験の結果が2018年10月末にやっと開示された。それによると、燻蒸処理、海水処理は「有効性が低い」が、高熱処理は、植物、動物のいずれも、「全て死滅させるためには200℃で20分、または300℃で1分の処理が必要」で、「有効性は高い」というのだ。

しかし、実験室の中で、植物の種子やアルゼンチンアリ、セアカゴケグモ等をシャーレに入れて温度を上げる実験にいったい何の意味があるのか。実際に搬入される1000万㎥以上の膨大な土砂を、これだけの温度に加熱するためには、途方もなく巨大なプラントが必要となる。大規模な施設を設け、莫大な費用と時間をかけて高熱処理することなど実際には不可能であることは明らかだ。

現在の状況では、各地の採石場では、きちんと調査すれば何処でも特定外来生物が見つかる。岩ズリの場合、採石場で特定外来生物が見つかれば、駆除策はない。知事が搬入の中止を勧告すれば、県外からの土砂搬入はできなくなる。

2. 辺野古新基地建設を阻止するための「あらゆる方策」——土砂条例と県土保全条例の改正を

西日本各地の土砂搬出予定地の住民団体からなる辺野古土砂搬出反対全国連絡協議会は、土砂条例の有効性を高めようと、沖縄県に対して、土砂条例に罰則規定を追加するよう要請行動を続けている。

現行の土砂条例では、知事が搬入の中止を勧告しても、勧告に従わない場合は名前を公表するというだけで、罰則規定がない。2015年7月、土砂条例が制定された際、防衛省幹部は、「土砂条例には罰則がない。ダメだと言われても埋立承認を得ているのだから土砂投入にためらいはない」とまで言い切った（沖縄タイムス　2015年7月8日）。こんな暴言を許してはならない。条例に罰則規定を追加し、知事の中止指示の拘束力を強化しなければならない。

さらに、埋立土砂に関して新しい動きが始まった。県は、２０１８年１１月、政府との集中協議で、県土保全条例の改正を検討すると伝えた。県土保全条例では、乱開発を防止するために、３００㎡以上の土地を開発する場合、県知事の許可を受ける義務を課している。しかし、国や地方公共団体の行為については適用除外とされているのだ。

今回の事業の最初の埋立（①—１区域）には、辺野古ダム周辺の土砂が予定されている。この土砂採取も普通なら当然、県土保全条例の対象だが、国・地方公共団体の行為は適用除外であるため、知事の許可は不要とされている。[注7]

県土保全条例が改正され、国の事業についても適用されるようになれば、辺野古ダム周辺の土砂約２００万㎥の土砂の持込みは知事の許可がなければできなくなる。

２０１８年１２月、玉城デニー知事は県議会本会議で、「県土保全条例も含め、あらゆる方策を講じる」と強調した。県土保全条例、土砂条例が改正されれば、土砂が足らなくなり、埋立てはできなくなる。

以上、述べてきたように、いくら工事の容易な辺野古側で土砂投入を続けても、今後、軟弱地盤のために大浦湾側の工事は知事の許可が得られず、不可能である。また、特定外来生物問題等で埋立土砂の供給も追いつかない。

辺野古新基地建設事業は必ず頓挫するのだ。

（注）

（１）埋立承認の際には、「実施設計・環境保全対策の事前協議」、「環境保全図書、土砂に関する図書等を変更する場合の知事承認」等の留意事項がつけられている。

（2）この点については、岩国基地埋立承認処分取消請求訴訟の広島高裁判決（2013年11月13日）が参考になる。公有水面埋立法では、埋立免許の効力が消滅した場合には、免許を受けた者が原状回復義務を負う旨を定めているのに対し、国が行なう埋立の場合はその条項を準用しておらず、国が原状回復義務を負うかについて言及した規定は存在しない。ところがこの広島高裁判決は、「知事の埋立承認の効力が消滅したときは、――国は原状回復義務を負うものと解すべきこととなる。埋立工事の竣工後に埋立承認の効力が消滅した場合も、国は原状回復義務を負うと解するのが相当である」と判示した。裁判そのものは最高裁で市民らの訴えが却下されたが、判決のこの部分はそのまま確定した。

（3）1000㎡以上の土地の形質変更は、赤土等流出防止条例により知事への届出が必要である。今回は、4250㎡もの盛土であったが、知事への届出は出されていない。

（4）1000㎡以上の土砂の堆積は大気汚染防止法により知事への届出が必要である。今回は、石材の堆積として届出が出されていたが、土砂を堆積するには変更手続が必要であった。

（5）今回の事業では、岩ズリを使って埋立てが行なわれる。岩ズリとは「土取場において砕石に伴い発生する土砂」（沖縄防衛局が県に提出した赤土等流出防止条例に基づく事業行為通知書（2018年6月12日））である。しかし今回、政府は、「岩ズリとは鉱石採掘などで掘り出される岩石等を意味する」、「岩ズリとは捨石や栗石と並んで石材である」などと主張している（2018年12月6日　参議院外交防衛委員会）。大気汚染防止法や赤土等流出防止条例違反という指摘を受けたため、「岩ズリとは石材である」という主張をし始めたものと思われる。

（6）「普天間飛行場代替施設建設事業に係る資材調達に関する報告書」（2010年3月）

（7）この土砂採取地跡は緑地に戻すとされているが、将来、米軍の兵舎建設のために開発されることが明かになっている。土砂採取は、兵舎建設に向けた基盤整備となる可能性が高いが、アセスの対象にもされていない。

第3章　辺野古争訟で問われる法と正義

白藤　博行

誠実な心の欠片もなく笑っている国がいる　隠しているその手を見せろ
こんなはずじゃないんじゃないかと　憲法が私たちを問い詰める
国の狡さの法化に対して　沖縄の民の怒りと祈りを法化しろ
コバルトブルーの空の下で　エメラルドグリーンの海を見て

1. 沖縄の美ら海を違法に埋め立てる国の暴挙

２０１８年１２月１４日、国は沖縄県民の民意をあざ笑うかのように、辺野古沿岸部への土砂投入を強行した。沖縄の美ら海のサンゴや海草などの生き物とともに、沖縄県民の民意を生き埋めにする暴挙である。この日は、沖縄県民の生命、人権、民主主義、自治、平和、そして環境を生き埋めにすることを始めた恥辱の日として歴史に刻まれることであろう。

この間を少し振り返れば、故翁長雄志知事は、２０１８年7月27日、「辺野古に基地はつくらせない」という強い意思をもって埋立承認撤回の意思を表明し、埋立承認撤回手続の開始を宣言した。その直後、8月8日、翁長知事は急逝されたが、「翁長知事の遺志を継ぐ」かたちで埋立承認の撤回手続は粛々と進められ、8月31日、知事の職務代理者であり、埋立承認取消にかかる権限の委任をうけた副知事・謝花喜一郎によって、埋立承認はついに撤回された。これによって国は、埋立工事続行の法的根拠を失い、工事停止に追い込まれた。故翁長知事が行なった前回の埋立承認取消の際には、ただちに埋立承認取消に対する審査請求と執行停止の申立てを行ない、はたして国土交通大臣による執行停止決定が行なわれ、埋立工事の再開が果たされた。今回は、国は、9月30日に行なわれることとなった沖縄県知事選にすべてを賭け、何らの法的対応をすることもなく、とにかく表面的にはダンマリを通した。国が推薦する知事候補者の勝利を確信し、知事選勝利によって辺野古新基地建設に決着をつけられると目論んだからに違いない。

しかし、見事にその目論見は外れた。辺野古新基地建設の賛否が最大争点となった知事選において、「辺野古に基地はつくらせない」という「翁長知事の遺志を継ぐ」ことを明言した玉城デニー氏が勝利したのである。辺野古新基地建設反対の沖縄県民の民意は、きわめて明確に示されることとなった。国の大きな誤算であった。玉城デニー知事は、さっそく辺野古新基地建設に関する国との真摯な対話を求めたが、防衛省沖縄防衛局はこれを無視し、公有水面埋立法（以下、公水法）の所管大臣である国交大臣に対して、10月16日、埋立承認撤回の審査請求と執行停止の申立てを行なった。埋立承認撤回から1カ月半も経過した時点であるにもかかわらず、「重大な損害を避けるために緊急の必要がある」との理由であった。それでも国交大臣は、10月30日、執行停止決定を行ない、埋立承認撤回の法的効果は審査請求に対する裁決が出るまで停止され、埋立工事はただちに再開されることになった。その間、国は、期限付きで「協議」に応じることとしたが、埋立工事を停止しないままの「協議」であり、何らの誠意も成果も見ることがないまま「協議」は終了した。沖縄県民の辺野古新基地建設に対する民意・反意を怖れての「協議をするふり、協議をしたふり」というしかないものであった。安倍晋三総理や菅義偉官房長官は、しばしば「沖縄県民に寄り添う」などと戯言を弄するが、人を欺いたり騙したりするために近づくことを「寄り添う」と人は言わない。

一方、沖縄県は、11月29日、国地方係争処理委員会に対して、埋立承認撤回にかかる国交大臣の執行停止決定が違法であるとして審査の申出を行ない、現在、審理中である。

国は、沖縄県の埋立承認撤回に対して、執行停止申立を行ない、国交大臣が早々に執行停止決定で応じたが、国交大臣の審査請求に対する裁決はいまだになされないままであり、埋立承認撤回の適法・違法の決着はついていない。それにもかかわらず、埋立工事を再開し、美ら海へ土砂投入してしまう「法治国家」とはいったい何者なのか。「沖縄県民に寄り添う」というならば、せめて2019年2月24日に予定されている辺野古新基地建設の是非を問う県民投票の結果を待ったらどうなのか。それともあらためて辺野古新基地建設反対の民意が示されるのを怖れて、沖縄県民の宝の海への土砂投入を始めることで、国に抵抗する沖縄県民に諦めさせる既成事実をつくったつもりなのか。沖縄県民をどこまで馬鹿にすれば気が済むのか。国の大愚を嘆くしかない。

国は、辺野古新基地建設のために、ありとあらゆる違法・不当な行為を繰り返している。この国の姿は醜く、権力とは何かを見せつける。権力とは、条件の不利な人間や地域を巧みに選別し、もっと不利な条件を押しつけ、選択肢のない選択を迫り、ねじ伏せることができる力のことである。そして、権力とは、自分以外のものに、自分の不正や違法を裁かせない力を持つことである。国は、辺野古新基地建設において、すでに圧倒的な基地負担を押し付けている沖縄県と沖縄県民をまたしても選別し、半永久的ともいわれる強固な新基地建設という不利な条件・負担を押し付け、沖縄県民を分断する選択を迫り、ねじ伏せようとしている。ただただ理不尽であり、日本国憲法を頂点とする立憲主義も法治主義も無視した暴力である。日本国民は、これを決して許してはならない。沖縄県と沖縄県民の国との闘いは、人間の尊厳を守るための人間の闘いであり、憲法の基本精神・基本価値・基本権を守る闘いであることをまずは心に留めなければならない。

2. 沖縄県の埋立承認撤回の正義

さて、そもそも埋立承認撤回とは何を意味するのであろうか。故翁長知事は、２０１５年１０月１３日、元沖縄県知事・仲井眞弘多氏が行なった埋立承認が違法であったとして、埋立承認を取り消したが、沖縄県からすれば国の違法な関与が明白であったにもかかわらず、福岡高等裁判所那覇支部（２０１６年９月１６日判決）および最高裁判所（２０１６年１２月２０日判決、以下、「２０１６最判」）における特異な審理・判断方法によって、故翁長知事の埋立承認取消そのもの、そしてこれに対する国の関与である是正の指示の違法性の判断は、実質的に見て巧妙に「回避」された。

今回の埋立承認撤回は、埋立承認取消とは違って、埋立承認以後に生じたさまざまな後発的事情によって、もはやこのまま埋立承認を維持し埋立工事を続行させることが公水法違反や公益侵害を引き起こしたり、あるいはそのおそれがあったりする場合にあたり、埋立承認撤回の時点から将来に向かって、その効果を無くしてしまう必要があるときに行なわれる処分のことを意味する。具体的には、埋立承認撤回通知書(注1)を読んでいただきたいが、①埋立承認の際に付された条件（「留意事項」）を無視して沖縄県との実施設計に関する事前協議を行なわずに工事を開始したり続行したりしていること、②これに対して行政指導を繰り返してもまったく従わないこと、③埋立承認時には示されなかった軟弱海底地盤や活断層の存在が明らかになったこと、④基地周辺建物の高さ制限を超える建物の存在や新基地建設後の普天間基地の返還条件の存在などの新事実が承認後に明らかになったこと、⑤埋立承認後に策定したサンゴやジュゴンなどの環境保全対策の不備から環境保全上の支障が生じることなど、留意事項違反や国土の適切合理的な利用、環境保全・災害防止に関する十分な配慮といった公水法の承認要件（第４条第１項各号）違反が指摘されている。

埋立承認撤回通知書等を読むと、沖縄県の主張に正義があることを確信するが、紙幅の関係で、指摘されるところの国の違法行為・不当行為の実体的内容の詳細に触れることはできない。[注2] 少なくとも、国交大臣が「全部は読んでない。スタッフが読んでいる。」と軽口を叩いて執行停止決定ができるほど軽い内容ではないことは確かである。この限りでは、国交大臣が審査請求の審理に時間を要し、簡易迅速を旨とする裁決であるべきにもかかわらず、裁決がなされないのも当然といえる。むしろ不思議なのは、たった2週間ほどで、膨大な資料を読んで、どうして執行停止決定ができたのかというミラクルの方である。

3. 国の「私人・国民なりすまし」の不正義

辺野古争訟の問題は、このような辺野古新基地建設にかかる実体的内容が究極の問題であるが、そもそも国が、埋立承認取消の場合と同様、またしても私人・国民になりすまして、埋立承認撤回の取り消しを求める審査請求と執行停止の申立を行なったことそのものにもある。すなわち、行政不服審査法（行審法）第1条には、「行政庁の違法又は不当な処分その他公権力の行使に当たる行為に関し、国民が簡易迅速かつ公正な手続の下で広く行政庁に対する不服申立てをすることができるための制度を定めることにより、国民の権利利益の救済を図るとともに、行政の適正な運営を確保することを目的とする。」と定められており、違法・不当な行政権の行使によって侵害された一般国民の権利利益の救済を目的としたものであることが一目瞭然である。このことをより明確に示すため、2016年施行の改正行審法第7条第2項には、「国の機関又は地方公共団体その他の公共団体若しくはその機関に対する処分で、これらの機関又は団体がその固有の資格において当該処分の相手方となるもの及びその不作為については、この法律の規定は、適用しない。」というように、行審法の適用除外が明文で定められ、これまで以上にはっきりと審査請求人適格の例外が定められることになった。

ところが沖縄防衛局は、自らが「固有の資格において当該処分の相手方となるもの」には該当せず、一般国民と同じ立場で公水法の埋立承認を受けているものであるから、埋立承認を撤回されることがあれば、一般国民が埋立免許を撤回された場合と同様に、行審法の審査請求と執行停止の申立をすることが可能であるという論理である。ちなみに、ここで問題となる「固有の資格」とは、一般的な意味としては、「一般私人が立ちえないような立場にある状態」と解されているところだが、具体的な意味内容は、公水法のような個々の行政法規が、「国の機関又は地方公共団体その他の公共団体若しくはその機関」をどのように位置づけているかの解釈にかかることになる。

埋立承認撤回にかかる審査請求手続において、沖縄防衛局が国交大臣に提出した「反論書」（2018年12月20日）では、行政法学上看過できない奇妙奇天烈な「固有の資格」否定論が展開されている。すなわち、「2016最判」が埋立承認を行政処分と認めたことにより、「かかる行政処分は、一般私人と同様の立場で相手方となったというべきものであるから、『固有の資格』ではないものというほかない」という論理である。日本語の「てにをは」の拙さは措いてあえて善解すると、ある行政庁（処分庁）の行為がいったん行政処分と認められれば、その相手方は「固有の資格」に立つものではなく、一般私人と同様の立場にあるものであるとの解釈のようである。同反論書では、「2016最判」が埋立承認を行政処分としたことにより、「承認処分が『固有の資格』でないことは確定したのであり、承認処分と免許処分の相違を指摘する意味はもはや失われている」とも述べられている。ここには、行審法の審査請求の審査対象となる「処分その他公権力の行使に当たる行為」（以下、「処分性」）であるかといった問題と、たとえ処分性が認められたとしても、その処分性がある行為を審査請求する資格があるかどうかの「審査請求人適格」の問題を混同する一見明白な瑕疵がある。この点、大方の行政法学者の意見の一致をみるところであろう。

ともあれ、公水法が国をどのような立場として規定しているかを簡単に見ておきたい。たしかに同法では、民間事業者や地方公共団体が埋立事業者になる場合には免許を取得し、国が埋立事業者になる場合には承認を取得しなければならないとある。そもそも免許や承認がなければ埋立工事が始められないという意味では、免許も承認も「埋立てを成し得る法的地位の付与」の法的性質を有する処分であるとの解釈はありうる。しかし、免許を得た民間事業者が公水法に違反した埋立工事を行なえば、免許の取消、効力の制限、条件の変更、工作物その他の物件の改築・除却命令、損害防止のための必要な施設の設置、原状回復の命令、免許条件違反・義務違反に対する違法事実の更正、施設の設置命令、免許の失効等、原状回復義務など、さまざまな改善・制裁措置が用意されている。一方、国が公水法に違反した埋立工事を行なった場合には、そもそもこれらの規定は存在せず、これらの規定の適用・準用規定もない。また、民間事業者は埋立工事が竣功しても、知事の竣功認可を得ない限り埋立地の所有権を取得することはできないが、国は工事の竣功認可を知事に通知するだけで埋立地の所有権を得ることができることとなっている。

国は、「埋立てを成し得る法的地位の付与」といった埋立免許と埋立承認の法的性質の同一性を根拠として「固有の資格」を否定するが、上記のごとく埋立免許と埋立承認は単なる用語の違いではなく、そもそもこれらの処分を受ける事業者の立場の違いを前提に区別している。つまり、民間事業者は当然ながら「私人の資格」に立ち、国は私人が立つことができない立場の状態を意味する「固有の資格」に立つものであるということを前提にして規定されているのである。したがって、公水法上、事業者としての国は、たしかに埋立承認といった処分を受ける立場にあるとしても、その立場は「一般私人が立ちえないような立場にある状態」といった「固有の資格」に立つものであり、「私人の資格」に立つものではない。それゆえ、沖縄防衛局は、行審法第7条第2項の「固有の資格において当該処分の相手方となるもの」に該当し、行審法の審査請求も執行停止決定もできないというのが普通の正しい解釈になる。

それにもかかわらず、国交大臣は、早々に沖縄防衛局の審査請求と執行停止申立を受理し、ただちに執行停止の決定をした。「名ばかり審査庁」の国交大臣が、執行停止申立書を「読んだふりして」、いつも内閣でご一緒の防衛大臣の指揮監督下にある沖縄防衛局の「私人・国民になりすまし」に目を瞑り、これに有利な判断を行なったのではないかとの批判があるのは当然である。もし沖縄防衛局が「固有の資格」に立つということであれば、審査請求も執行停止決定の申立ても違法であり、これを前提になされた執行停止決定も当然に違法になる。国の「私人・国民なりすまし」は、辺野古争訟の根本的問題なのである。

私見は、国の行政機関が、法令所管大臣を審査庁とする行政権内部の不服申立制度一般を否定しているわけではない。現に辺野古新基地建設をめぐる公水法の解釈・運用をめぐる国と沖縄県との間の紛争が存在し、国が沖縄県の公水法上の権限行使やその他の事務処理を違法・不当と判断するのであれば、1999年地方自治法改正の成果である国の法定関与（245条以下）をまずは利用すべきであると考える。せっかく自治体の適法性確保のために制度化された法定関与（裁判や行政上の不服申立制度を使わないでも自治体行政の是正を図ることができる、いわばバイパスのようなもの）を利用しないで、わざわざ一般国民の権利救済を予定する行審法を引っ張り出して、いかにも技巧的法解釈を施してまで「私人への逃避」を正当化する情けない「法治国家」に成り下がってほしくない。このような国の法定関与を回避して、公水法や行審法の解釈・運用の無理を重ねることが、これまでの行政法理論の常識を壊すばかりでなく、改正地方自治法が関与の法制度化で自治体に与えた国地方係争処理委員会への審査の申出の機会、あるいはこれに不服がある場合の裁判所への救済の求めの道をも閉ざすことになることを危惧する。この間の「地方分権改革」にかかる法整備によって、ようやく国と自治体との関係が法化されてきたなかで、憲法が保障する地方自治の具体的あり方や実質的な法治国家のあり方を考えてほしいものである。

4. 日本国憲法下における法と正義を維持するために

現在、国地方係争処理委員会での審理が進んでおり、国交大臣代理から提出された同委員会への「回答書」（２０１８年１２月２７日）の検討や、司法の役割に立ち入った議論をしたかったが、紙幅が尽きた。国地方係争処理委員会には、地方自治を守る砦として、沖縄県の「審査の申出」に合理的疑いがあれば、法的な解決策を提示してほしい。また、もし裁判にということになれば、裁判所には、実質的な審議を回避することなく、政府を監視する役割を担ってほしい。何のための法衣をまとっているかを多くの国民に見せてほしい。国民が誇れる司法が機能してこそ、法治国家は維持可能である。

もはや「沖縄虐待」といえるほどの醜悪な事態が沖縄では続いている。憲法が保障する自治権のはなはだしい侵害が生じているにもかかわらず、この間「地方分権改革」を推進し、その成果を誇る「地方分権改革論者」は、少数の例外を除いて沈黙を続けているようにみえる。これで、「地方分権改革」やその具体化である地方自治法改正が目指した国と自治体の対等・協力関係は構築できるのだろうか。国と自治体は最適な役割分担を果たせるのだろうか。「地方分権改革」から見た辺野古争訟のあり方を語っていただきたい。

行政法研究者をはじめとする法律家は、辺野古争訟とどのように向かい合っているのだろうか。たしかに行政法研究者１１０名は、このような国の対応を「法治主義に悖（もと）る」と早々に批判する声明まで発表した（2018年10月26日の共同声明）。しかし、それ以外の行政法研究者は、判決が出れば判例評釈は著すが、いったいこの事態をどのように見ているのか一向に見えてこない。このような国の行政法解釈・運用がまかり通れば、まっとうな行政法解釈は成り立たない。正々堂々とした法的議論を交わすことで、法律学をより尊いものとする法律研究者の矜持を見せたいものである。

そしてなにより、沖縄から遠く離れた日本本土に住み暮らす日本国民は、いつまでこのような「沖縄虐待」から目をそらすのだろう。沖縄で住み暮らすというだけで、これほどまでに日本国憲法の基本理念・基本価値・基本的人権の保障がないがしろにされていいわけがない。故翁長知事は、自由・平等・人権・自己決定権に対する沖縄県民の喪失感を「魂の飢餓感」と呼んでいた。故翁長知事は、沖縄県民の「魂の飢餓感」を嘆くだけではなく、これを克服するために「誇りある豊かさ」を唱えた。ただただ経済的な豊かさを追求するだけではなく、人間の尊厳を保障することができる豊かさを追い求めるというものである。これは決して沖縄だけの問題ではない。私たちみんなの問題である。みんなで平和への希い（ねがい）を語り合い、「誇りある豊かさ」を現実のものとしたいものである。

（注）

（1）正式には、「公有水面埋立承認取消通知書」というが、沖縄県知事公室辺野古新基地建設問題対策課のHPで読める。これ以外にも、沖縄県の辺野古争訟関係の資料は、ほとんどここで読めるので、ぜひとも参照していただきたい。

（2）詳しくは、2018年11月19日、沖縄県が国交大臣に提出した弁明書の「別紙2：本件承認取消処分が適法であること」（全197頁）等を参照。

第4章　日本の安全保障

飯島　滋明

1 「戦争できる国づくり」をすすめる安倍自公政権

2012年12月に第2次安倍自公政権が発足してから2019年2月現在まで、安倍自公政権は「戦争できる国づくり」をすすめてきました。ここでは安倍自公政権が進めてきた「戦争できる国づくり」の代表的な法律や政策を紹介します。

2013年12月6日、安倍自公政権は「秘密保護法」を成立させました。1917年、アメリカのハイラム・ジョンソン上院議員は「戦争が起これば最初の犠牲者は真実である（The first casualty when war comes is truth）」と述べました。歴史を見ても、戦争を遂行するため、政府が国民に真実を隠すこと、「ウソ」をつくことは少なくありません。アジア・太平洋戦争（1931～45年）の日本政府の「大本営発表」は「ウソ」の代名詞となっています。「秘密保護法」は、「特定秘密」の名目で政府にとって都合の悪い情報を国民に隠すのを可能にする法律です。

2014年7月1日、安倍自公政権は「集団的自衛権行使容認」の閣議決定をしました。「自衛権」というので、「自国を守る権利」と思われるかもしれません。しかし「集団的自衛権」とは、自国が攻撃されてもいないのに海外で他国と一緒に戦うのを認めるものです。「自衛」という名目で他国への武力行使を正当化するのが「集団的自衛権」です。そのため60年以上、歴代日本政府は「憲法上、認められない」との立場でした。ところが安倍自公政権は「集団的自衛権は憲法上、認められる」との憲法解釈の変更を行ないました。

2015年4月、安倍首相は「日米ガイドライン」（「日米防衛協力のための指針」）を改訂しました。日本とアメリカの軍事的な役割分担を定めたものが「日米ガイドライン」ですが、「日米ガイドライン」で安倍自公政権は、世界中での武力行使をアメリカに約束しました。このガイドラインを実施するため、安倍自公政権が2015年9月に強行採決したのが「安保法制」です。安保法制に関して、たとえばフランスの新聞『ル・モンド』2015年9月18日付（電子版）は、「第2次世界大戦以降、はじめて海外での紛争に自衛隊を派兵するのを可能にさせる」と紹介しています。「安保法制」は世界中での武力行使を認める法制です。

2017年6月、安倍自公政権は「共謀罪」を強行成立させました。「テロ対策」の名目で安倍自公政権は強行採決しましたが、「共謀罪」は「テロ対策」とは全く関係ありません。「共謀罪」は「戦争反対」などと政府に反対する市民団体に「犯罪者集団」とレッテルを張り、逮捕や起訴などを可能にする、極めて危険な規定です。敗戦（1945年）までの日本では、「世界有数の悪法」と言われた「治安維持法」を根拠に、政府や警察は多くの市民やさまざまな団体を弾圧しました。法律家の間で「共謀罪」は「現代版治安維持法」とも言われます。

残念なことに、いまでも山城博治さんの逮捕・起訴・有罪判決のような、憲法31条などの理念に反する刑事手続、近代国家ではありえない司法が公然と行なわれています。「共謀罪」が悪用されれば、政府に反対する人たちは一網打尽に弾圧されるなど、暗黒国家をもたらす危険性があります。

2018年12月18日、安倍自公政権は「防衛計画の大綱」（「30大綱」）や「中期防衛力整備計画」（「31中期防」）を決定しました。「防衛計画の大綱」とは、10年間を見据えた日本の安全保障政策の基本方針を示すものです。そして「防衛計画大綱」に基づき最初の5年間で具体的に整備する装備の内容を示したものが「中期防衛力整備計画」です。「30大綱」や「31中期防」、一言で言えば、「米軍の一部」となって海外での武力行使を想定した内容になっています。

まず、「米国は……、同盟国やパートナー国に対しては、防衛のコミットメントを維持し、戦力の前方展開を継続するとともに、責任分担の増加を求めている」（「30大綱」4頁）とのように、アメリカの軍事的負担の要求に答えようとしています。そして「30大綱」では、世界中での武力行使をアメリカに約束した「日米ガイドライン」や「安保法制」を「一層の強化」し、「主体的」に実施するとされています。

さらに「戦争できる国づくり」の一環として、「敵基地攻撃能力」をもち、海外での武力攻撃が可能になる「海外派兵型」の装備を整えようとしています。歴代日本政府は、自衛隊は海外での武力行使が可能な装備を持たない「専守防衛」のための組織なので、憲法9条で禁止された「戦力」ではないとしてきました。そして海外での武力行使、外国を攻撃できる兵器を持たないこと、その代表例として「空母」や「長距離ミサイル」を保有することは憲法上、許されないとの立場をとり続けてきました（たとえば1987年5月19日参議院予算委員会での中曽根首相答弁）。ところが安倍自公政権下ではこうした歴代政府の立場も放棄され、護衛艦「いずも」、「かが」が事実上の空母に改修されます。2018年12月18日、F35Aを105機、事実上の空母艦載機となり、垂直離発着が可能なSTOVL（ストーブル）F35Bを42機導入することが決定されました。さらには射的距離900km、相手方の射程範囲外から攻撃可能な「スタンド・オフ・ミサイル」である「JASSM」（ジャズム）や「LRASM」（ロラズム）など、「敵基地攻撃」や海外での武力行使が可能な「海外派兵型」兵器の保有が目指されています。

このように海外での武力行使を想定する結果、たとえば「30大綱」では「衛生」の個所で「戦傷医療対処能力の向上を含む教育・研究を充実・強化する」（27頁）とされています。「戦傷医療対処能力」という考え方は5年前の「25大綱」にはありませんでした。ところが「30大綱」では戦場で「負傷者」が出ることを実際に想定しはじめた結果、「戦傷医療対処能力の向上を含む教育・研究を充実・強化」がうたわれたのです。

2　米軍の「出撃拠点基地」「後方支援基地」「軍事訓練基地」としての機能が一層強化される沖縄

（1）辺野古新基地建設

歴代日本政府は、「普天間飛行場の危険除去」「南西諸島での抑止力の維持」を理由に「辺野古が唯一の解決策」だと主張して辺野古新基地建設を進めてきました。2018年12月14日には、安倍自公政権は土砂投入を強行しました。まず、「基地負担の軽減」という主張ですが、元沖縄県知事の大田昌秀氏(故人)は以下の米軍関係者の証言を紹介しています。

「トーマス・キングという普天間基地の副司令官がいますが、彼は普天間基地を辺野古にうつす委員会のメンバーなんです。彼は、辺野古に作る基地は普天間の代わりじゃなくて、軍事力を20%強化した基地を作るといっています。軍事力の強化の中身は何かと言うと、今普天間基地では、米軍のヘリ部隊がイラクやアフガニスタンに出撃するときに爆弾を積めない。嘉手納基地で積んでいるのです。ですから普天間基地を辺野古に移したら、陸からも海からも自由に爆弾を積める施設を作るのだと述べています。そして、MV–22オスプレイを24機配備するので軍事力が20%強化されると言うのです。ちなみに現在の普天間基地の年間維持費は280万ドルだけど、これを辺野古に移すと2億ドルに跳ね上がる。それを日本の税金で負担してもらおうというのです(注2)」。

つまり辺野古の新基地建設は「負担軽減」ではありません。安倍自公政権が進める「戦争できる国づくり」の一環であり、「基地負担の増大」「基地機能の強化」です。戦争に出撃する、佐世保の強襲揚陸艦への海兵隊員や弾薬の積載が容易になるなど、米軍の「出撃拠点基地」「後方支援基地」「軍事訓練基地」としての機能が一層強化されます。しかも新基地の負担は私たちの税金です。

（2）強化される沖縄の自衛隊

沖縄では航空自衛隊も増強されています。２０１４年には那覇基地航空警戒部隊の1個飛行隊が新設されました。２０１６年1月には福岡県の築城基地から那覇基地に第３０４飛行隊が移駐し、それまでの第２０４飛行隊と合わせた「第9航空団」が新設されました。２０１７年7月には規模が拡大されたことに伴い、「南西航空混成団」が「南西航空方面隊」に格上げされました。沖縄の航空自衛隊は強化されています。

「ミサイル部隊」も強化されようとしています。陸上自衛隊では２０１８年度以降、沖縄県宮古島、石垣島、鹿児島県奄美大島に12式ＳＳＭ（地対艦誘導弾）部隊を配備し、この3島に警備隊や防空のための地対空誘導弾（ＳＡＭ）部隊を配備することも決めています。沖縄本島にもＳＳＭ部隊を配備することが予定されています。こうして安倍自公政権下では、「尖閣諸島」防衛・奪還を名目とする、沖縄の自衛隊も増強されています。

3　自衛隊の戦闘の「現実」

２０１2年ごろ、自衛隊では石垣島が侵攻された場合を想定し、島しょ奪還のための戦い方を分析していました。侵攻軍が４５００人、すでに配備されている自衛隊員は２０００人、どちらか一方の残存率が３０％まで戦闘を続けると、敵の残存兵力は２０９１人に対して自衛隊の残存兵は５８１人で劣勢になりますが、自衛隊が奪還作戦部隊１８００人を追加して戦闘を続ければ、敵は６７９人に対して自衛隊は899人で優勢を回復できると分析しています。なお、「国民保護のための輸送は自衛隊が主担当ではなく、所要も見積もることができないため、評価には含まれない」としています。そして防衛省はこの検討成果を2013年の「25大綱」や「26中期防」に反映させました（『沖縄タイムス』2018年11月30日付）。

この作戦計画を見れば、自衛隊が極めて恐ろしい想定をしていることが分かります。

まず石垣島をめぐる戦闘で、自衛隊員約3800人のうち2901人、敵兵3801人が戦死することを想定して「25大綱」が策定されました。防衛省・自衛隊、そして自衛隊員2901人が戦死することが想定された作戦計画を反映した「25大綱」を決定した安倍自公政権、2901人の自衛隊員が死ぬという事態をどれほど重く受けとめているのでしょうか？　私は（元）自衛官などへの聞き取りをすることも少なくありませんが、（元）自衛官は、残された家族のことも心配して、世界中での武力行使を可能にする安保法制、そして憲法改正に反対してきました。残された家族の悲痛な思いを考えた末で、安倍自公政権は自衛隊員が多く死ぬことを想定する「25大綱」や「26中期防」を決定したのでしょうか？

つぎに恐ろしいのは、「国民保護のための輸送は自衛隊が主担当ではなく」云々の発言です。自衛隊が石垣島に侵攻してきた軍隊と戦う際、国民を避難させずに戦闘をはじめる想定をしています。これでは石垣の市民が戦闘に巻き込まれる危険性があります。自衛隊の攻撃で犠牲になる国民も出る危険性すら生じます。アジア・太平洋戦争の際の旧日本軍は、あとで紹介する満洲や沖縄の例のように、市民を犠牲にして軍事活動をしました。国民を保護しないで戦闘をはじめることを想定する自衛隊、国民を守らない旧日本軍と異なると言えるのでしょう？　「30大綱」では、国民を避難させずに自衛隊が戦闘をはじめる「25大綱」のような考え方は変更されたのでしょうか？

4 「在沖米軍」「自衛隊」の強化で沖縄や日本を守れるか

(1) 全面戦争の危険性

しかも万が一、尖閣諸島をめぐって中国と日本が武力衝突した場合、尖閣諸島や石垣島、宮古島だけの武力紛争で済むでしょうか？　お互いに引っ込みがつかず、日本と中国の全面戦争につながる可能性があります。自衛官の死者2901人という想定、国民の犠牲は想定しないという自衛隊の作戦計画は、あくまで石垣島をめぐる攻防だけの話です。さらに宮古島、沖縄本島、九州、日本全土という事態となれば、一体何人の自衛隊員が戦死することになるのでしょうか？　戦争に巻き込まれて犠牲になる国民は一体何人になるのでしょうか？

さらに中国は日本本土にミサイル攻撃をするかもしれません。日本は中国のミサイル攻撃に対応できるのでしょうか？　「ミサイル攻撃」と言えば、北朝鮮のミサイルも安倍自公政権は脅威だと主張します。しかし、日本は中国や北朝鮮のミサイル攻撃に対応できるのでしょうか？　ミサイルが脅威だというのであれば、なぜ安倍自公政権は原発を再稼働させるのでしょうか？　しかも北朝鮮から攻撃しやすい日本海側の原発を再稼働しています。本当に北朝鮮を脅威と思っているのであれば、原発、とりわけ日本海側にある原発の再稼働は支離滅裂です。

2017年8月4日に放映された、『池上彰緊急スペシャル　迫る北朝鮮の脅威　どう守る日本?!知られざる自衛隊の現実』で、池上彰さんは「〈北朝鮮からのミサイル攻撃に対する日本の対応を想定した〉完全シュミレーションからできることは限られていることがわかります。まずは撃たせないようにすることが大事。そのために必要なのが外交努力であり、これがいま最も求められている」とコメントしました。

（2）憲法の「平和主義」の重要性

国連の人権理事会の博物館には「1931年9月、日本軍は宣戦布告なしに中国の満洲地方を武力侵略する」と記されたパネルがあります。1931年からはじまる、近隣諸国に対する日本の侵略戦争により、近隣諸国の民衆2000万人から3000万人が犠牲になりました。日本国民にも310万人もの犠牲者が出ました。ところがこうした非人道的な侵略戦争を起こした権力者や軍の上層部は「家」制度や「公教育」、「靖国神社」を利用して国民には「愛国心」を植えつけ、「愛する国のために死ね」と国民には死を強要しながら、自分たちはいざとなれば真っ先に逃げました。たとえばソ連の満洲侵攻（1945年8月9日）の際、関東軍は市民を守らずに自分たちだけ逃げました。逃げる際、ソ連軍の追撃を恐れて橋なども破壊して逃げました。そして軍隊から捨てられ、残された女性や子ども、老人はソ連軍に蹂躙されました。こうした日本軍の対応について、草地貞吾元作戦班長（当時大佐）は「戦時に軍隊に国民を守ってもらおうと考えるのは間違い。軍は国家を守るために作戦を優先する。面倒などみていられない。それが戦争」と述べています『朝日新聞』1987年1月31日付）。

また、1945年3月からはじまる沖縄戦の際、日本の権力者は沖縄県民には徹底抗戦して死ぬことを命じました。ところが国民には徹底抗戦を命じた権力者は、自分たちは危険になると逃げました。沖縄の兵士や市民には徹底抗戦を命じながら、権力者はその前年の1944年11月に長野県の松代に逃げる準備をしていました。沖縄戦では県民の4人に1人が犠牲になりました。

このように、戦争を起こすのは権力者や軍の上層部であること、にもかかわらず戦争で犠牲になるのは一般市民や兵士であること、さらに戦争を起こした政治家や軍の上層部はいざとなれば逃げるなど、極めて無責任であることが明らかになったのです。だから憲法では、政治家などに戦争をさせない「平和主義」が基本原理の一つとされています。国民が政治家に戦争をさせないため、憲法前文では「日本国民は、……政府の行為によつて再び戦争の惨禍が起ることのないやうにすることを決意し」とされています。安倍自民党は「憲法改正」を目指していますが、こうした憲法を改正し、政治家が「自衛」の名目で戦争をはじめることを認めても良いのでしょうか？

（3）誰が本当の「平和ボケ」「お花畑」？

「憲法の平和主義を守れ」などと主張する人たちに対しては、「平和ボケ」「お花畑」などと右翼的政治家やコメンテーター、ネット右翼が批判することがあります。しかし、こうした人たちは、たとえば中国との武力衝突がどのような事態を生じさせるか、考えたことがあるのでしょうか？　さきに石垣島での攻防をめぐって２９０１人の自衛官の戦死という想定を自衛隊がしていることを紹介しましたが、これはあくまで石垣島だけの話です。宮古島、沖縄本島となれば、一体何人の自衛官が死ぬことになるのでしょうか？　「憲法を守れ」という人たちを「平和ボケ」「お花畑」と主張する人たちは、こうした事態もやむを得ないと言うのでしょうか？　しかも日中の武力衝突が尖閣諸島だけで終わるなどと考えるのであれば、それこそ戦争の現実を全く知らない、あるいはあまりにも「戦争」を軽く考えている「空想的」「平和ボケ」「お花畑」の人たちです。いったん戦争がはじまれば、簡単に戦争を終わらせるのはほぼ不可能です。たとえば第1次世界大戦（１９１４年～１８年）の場合、ドイツやフランスの双方とも、数カ月後には戦争は終わると考えていました。ところがその後、4年近くも血みどろの戦いは続き、１０００万人を超える死傷者が出る、極めて悲惨な戦争となりました。尖閣の話に戻すと、武力衝突は尖閣諸島だけではなく、日中間の全面戦争につながる可能性が高くなります。「戦争」とは、人と人が血みどろの殺し合いをすることです。日本全土も焦土となる危険性があります。人が殺しあう「戦争」や「武力行使」に簡単に口にする人たち、「武力」で紛争を解決しようとする右翼政治家やコメンテータ、ネット右翼こそ、あまりにも「戦争」を軽く考える「平和ボケ」「お花畑」です。

絶対に、絶対に戦争は避けなければなりません。

なお、自衛隊や在日米軍を強化するのは戦争をしないためである、相手方に対する「抑止力」と主張されることもあります。しかし日本政府が中国や北朝鮮の脅威を理由に自衛隊や在日米軍を強化すれば、中国や北朝鮮もさらに軍拡政策をとります。そして日本への攻撃の危険性は増加します。さらに日本が軍拡をすすめれば、中国や北朝鮮も日本を口実にする軍拡に走り、いわば「軍拡競争」が出現する危険性があります。軍事力強化により中国や北朝鮮に対峙しようとする安倍自公政権の姿勢は東アジアの平和を乱し、日本への攻撃の危険性を呼び込む、危険な政治です。その上、危機的な財政状況を理由にして「消費税率」を引き上げようとしたり、医療、福祉、年金、教育などの国家予算を切り詰めようとしている一方、「軍事増強」をすすめる安倍自公政権の「戦争できる国づくり」は、「生存権」(憲法25条)や「教育を受ける権利」(憲法26条)の理念を空洞化する政治です。

5 「平和的手段」により国際紛争の解決を求める「国連憲章」「日本国憲法」

国際社会の憲法である「国連憲章」は、「われら連合国の人民は、われらの一生のうちに二度まで言語に絶する悲哀を人類に与えた戦争の惨害から将来の世代を救い」との文章ではじまります。第1次世界大戦、第2次世界大戦(1939~45年)という、2つの「言語に絶する悲哀を人類に与えた戦争」を再び起こさないため、国連憲章2条3項では「すべての加盟国は、その国際紛争を平和的手段によって国際の平和及び安全並びに正義を危うくしないように解決しなければならない」とのように「平和的手段」による紛争解決が原則とされています。そして2条4項では武力不行使の原則が定められています。国際社会では最近でも「平和への権利」（２０１６年１２月１６日国連総会採択）や「核兵器禁止条約」（２０１７年7月7日国連採択）など、平和を求める流れは今も続いています。

日本国憲法でも、「戦争の放棄」（9条）とともに「国際協調主義」が基本原理とされています。国際的な紛争を武力で解決するのではなく、平和的手段で解決すること、日本が率先して国際社会の平和を作り出す積極的活動を求めるのが「国際協調主義」です。例えば最近ではアメリカと北朝鮮の関係をみてください。２０１７年、アメリカと北朝鮮の関係は極めて悪化しており、戦争の危険性すら危惧されていました。ところが２０１８年、トランプ大統領と金正恩総書記との関係は改善され、朝鮮半島では緊張が緩和されています。政治的指導者による、紛争解決のための対応により平和を作り出すことは可能であることを示した事例です。国連憲章や日本国憲法は、こうした平和的手段を通じて国際社会の平和を作り出すことを求めています。

にもかかわらず安倍自公政権は日本国内では「戦争できる国づくり」に猪突猛進しています。国際社会でも「平和への権利宣言」や「核兵器禁止条約」採択に反対し続けてきました。「核兵器」の恐ろしさを知り尽くしているはずの日本政府がアメリカに忖度し、国連で「核兵器禁止条約」の採択に反対し続けているのです。安倍自公政権は、国際平和を求める国際社会の流れに貢献するどころか、国際社会での平和創造を邪魔する外交をすすめてきました。最近ではアフガン戦争やイラク戦争が悲惨な事実で証明しているように、「武力で平和は作れない」のです。東アジアの平和は「抑止力」「基地強化」といった、軍事的威嚇で達成されるものではありません。辺野古新基地建設は、平和的な外交努力などによる平和構築を目指す国連憲章や日本国憲法の精神にも逆行します。むしろ辺野古に新基地が建設されることによって、アメリカが他国と戦争をはじめた場合、アメリカの戦争に巻き込まれ、辺野古の新基地は攻撃を受ける危険性が高まります。

6 「戦争できる国づくり」「沖縄の軍事要塞化」にどう対抗するか

安倍自公政権はいまも「戦争できる国づくり」に邁進しています。その総仕上げが「憲法改正」です。「戦争できる国づくり」のためのに憲法が改正されれば、私たちの子どもや孫の世代に平和な日本を引き渡すことができなくなります。政治の良し悪しは、主権者である国民が政治にどのように関わるかで決まります。そのため、私たちは選挙などで適切な判断をすることが求められます。さらには主権者意志に反する政治、憲法違反の政治が公然と行なわれる場合、「国民主権」(憲法前文、1条)や「表現の自由」(憲法21条)などを根拠とする「集会」や「デモ」で主権者意志を明確に表明することが極めて大切です。そして辺野古新基地建設に関して適切な判断をするためには、本書で**【参考資料】**として紹介され、2019年2月4日段階で132人の憲法研究者が賛同した声明「辺野古新基地建設の強行に反対する憲法研究者声明」や、1月24日の記者会見での憲法研究者の発言も参考にして下さい。

(注)

(1) 人権を尊重しつつ刑事手続を進めるべきというのが「適正手続の保障」(憲法31条)の要請です。「適正手続」の規定から警察による暴力は禁止されます。また、犯罪でない行為を処罰することも禁止されます(刑罰権発動の謙抑主義、刑法の謙抑性の要請)。人権の最大の尊重を基本原理とする日本国憲法では原則として、他者の人権に対する重大な侵害(強度の違法性)がある場合等に限りはじめて刑罰権の発動が認められます（芦部信喜編『憲法Ⅲ　人権（2）』有斐閣大学双書（有斐閣、1987年）98頁〔杉原泰雄執筆〕）。ところが沖縄では、基地建設に反対する市民に警察が暴力をふるったり、「道路交通法違反」や「公務執行妨害」を警察がでっち上げて逮捕・起訴するなどの事態が常態化しています。そして「適正手続」（憲法31条）に反する警察の逮捕、検察の起訴、そして有罪判決が下されています。「最も民主的」と称されたヴァイマール共和国がわずか14年で幕を閉じ（1919～1933年）、ヒトラー誕生をもたらした要因の一つとして、えこひいき判決を下し続けた「保守的裁判官」が理由に挙げられます。山城さんたちに有罪判決を下した日本の裁判官たちもヴァイマール共和国の裁判所と同様、「人権の砦」「憲法の番人」としての役割を放棄し、「戦争できる国づくり」に加担したと後世、糾弾されることになるでしょう。

（2）鳩山友紀夫・大田昌秀・呉屋守將・山城博治・孫崎亨・高野孟『辺野古に基地はいらない！オール沖縄・覚悟の選択』（花伝社、2014年）14頁。

【参考資料】

「辺野古新基地建設の強行に反対する憲法研究者声明」と記者会見について

２０１９年１月２４日１４時から１５時３０分、憲法研究者有志一同は衆院第1議員会館第6会議室で「辺野古新基地建設の強行に反対する憲法研究者声明」発表の記者会見を行ないました。記者会見に参加したのは声明の事務局である稲正樹元国際基督教大学教授、志田陽子武蔵野美術大学教授、笹沼弘志静岡大学教授、石川裕一郎聖学院大学教授、そして私です。この記者会見では、２０１９年1月２４日段階で１３１人の憲法研究者が賛同した「声明」を作成するに至った契機と推移、「声明」の内容、そして声明の今後の活用法などについて発表しました。その後、記者会見に参加した各研究者は、辺野古新基地建設に対する憲法上の問題を指摘しました。

この資料では最初に「声明」を紹介します。その後、記者会見に参加した各憲法研究者の発言（抜粋）を紹介します。この記者会見には多くのメディアが参加し、記者会見で発言した研究者の発言が紹介されました。本書でも、記者会見に参加した憲法研究者の発言（抜粋）を紹介します。当日、事務局である成澤孝人信州大学教授は都合により記者会見に参加できませんでしたが、成澤教授はあらかじめ発言要旨を作成し、記者会見では事務局の志田教授が代読しました。なお、紙幅の関係で本書では全発言を紹介できないので、詳しくは「憲法ネット１０３」のホームページの「緊急声明」の個所をご覧ください。（飯島　滋明）

【声明全文】
辺野古新基地建設の強行に反対する憲法研究者声明

２０１８年9月３０日、沖縄県知事選挙において辺野古新基地建設に反対する沖縄県民の圧倒的な民意が示されたにもかかわらず、現在も安倍政権は辺野古新基地建設を強行している。安倍政権による辺野古新基地建設強行は「基本的人権の尊重」「平和主義」「民主主義」「地方自治」という、日本国憲法の重要な原理を侵害、空洞化するものである。私たち憲法研究者有志一同は、辺野古新基地建設に関わる憲法違反の実態及び法的問題を社会に提起することが憲法研究者の社会的役割であると考え、辺野古新基地建設に反対する声明を出すものである。

辺野古新基地建設問題は、憲法9条や日本の安全保障の問題であると同時に、なによりもまず、沖縄の人々の人権問題である。また、選挙で示された沖縄県民の民意に反して政府が強引に建設を推し進めることができるのか、民主主義や地方自治のあり方が問われているという点においては日本国民全体の問題である。政府が新基地建設をこのまま強行し続ければ、日本の立憲民主主義に大きな傷を残すことになる。こうした事態をわれわれ憲法研究者は断じて容認できない。直ちに辺野古埋立ての中止を求める。

1 「民主主義」「地方自治」を侵害する安倍政権

沖縄では多くの市民が在沖米軍等による犯罪や軍事訓練、騒音などの環境破壊により、言語に絶する苦しみを味わってきた。だからこそ２０１４年、２０１８年の沖縄県知事選挙では、沖縄の市民にとってさらなる基地負担となる「辺野古新基地建設」問題が大きな争点となった。そして辺野古新基地建設に反対の立場を明確にした翁長雄志氏が県知事に大差で当選し、翁長氏の死後、玉城デニー氏もやはり大差で当選した。沖縄の民意は「新基地建設反対」という形で選挙のたびごとに示されてきた。ところが安倍政権はこうした民意を無視し、新基地建設を強行している。こうした安倍政権の対応は日本国憲法の原理たる「民主主義」や「基本的人権の尊重」、「平和主義」、そして「民主主義」を支える「地方自治」を蹂躙する行為である。「外交は国の専属事項」などと発言し、新基地建設問題については沖縄が口をはさむべきではない旨の主張がなされることもある。しかし自治体にも「憲法尊重擁護義務」（憲法９９条）があり、市民の生命や健康、安全を守る責任が課されている以上、市民の生命や健康に大きな影響を及ぼす辺野古新基地建設に対して沖縄県が発言するのは当然である。安倍政権の辺野古新基地建設の強行は、「地方自治」はもちろん、日本の「民主主義」そのものを侵害するものである。

2　沖縄県民が辺野古新基地建設に反対する歴史的背景

そもそも沖縄の市民がなぜここまで辺野古新基地建設に強く反対するのか、私たちはその事情に深く思いを寄せる必要がある。

アジア・太平洋戦争末期、沖縄では悲惨な地上戦が行われた。日本の権力者は沖縄の市民に徹底抗戦を命じた。ところがそのような徹底抗戦は、本土決戦を遅らせるための「時間稼ぎ」「捨て石」にすぎなかった。沖縄に派兵された日本の軍隊及び兵士の中には、沖縄の市民から食料を強奪したり、「スパイ」とみなして虐殺したり、「強制集団死」を強要するなどの行為に及んだ者もいた。「鉄の暴風」と言われるアメリカ軍の激しい攻撃や、日本軍の一連の行為により、犠牲となった沖縄の市民は９万４千人以上、実に県民の４人に１人にも及ぶ。アジア・太平洋戦争での日本軍の行動は、沖縄の市民に「軍隊は国民を守らない」という現実を深く印象付けることになった。

その後、アジア・太平洋戦争が終結し、沖縄が米軍に占領された時代でも、「軍隊は国民を守らない」という現実は変わらなかった。朝鮮戦争や冷戦など、悪化する国際情勢の中、日本に新しい基地が必要だと判断した米軍は、いわゆる「銃剣とブルドーザー」により沖縄の市民から土地や田畑を強奪し、家屋を壊して次々と新しい基地を建設した。現在、歴代日本政府が危険だと主張する「普天間基地」も、米軍による土地強奪で建設されたという歴史的経緯を正確に認識する必要がある。さらには米軍統治下でも、度重なる米兵犯罪、事故、環境破壊等により、沖縄の市民は耐えがたい苦痛を受け続けてきた。

3 沖縄における「基本的人権」の侵害

米軍米軍や米軍人等により、沖縄の市民が耐えがたい苦しみを受けている状況は現在も変わらない。在沖米軍や軍人たちの存在により、憲法で保障されたさまざまな権利、とりわけ「平和的生存権」や「環境権」が著しく侵害、脅かされてきた。

①平和的生存権（憲法前文等）の侵害

「平和的生存権」とは、例えば「いかなる戦争及び軍隊によっても自らの生命その他の人権を侵害されない権利」として理解され、豊富な内容を有するものだが、沖縄ではこうした権利が米軍人等による凶悪犯罪、米軍機の墜落事故や部品などの落下事故、住民の生活を顧みない軍事訓練により侵害され、脅かされ続けている。その上、いざ米軍が戦争などをする事態に至れば、沖縄が攻撃対象となる危険性がある。2001年のアメリカ同時多発テロの際、沖縄への観光客や修学旅行者は大幅に減少した。こうした事実は、有事となれば沖縄が米軍の戦争に巻き込まれて攻撃対象となると多くの人々が認識していることを示すものである。

②「環境権」（憲法13条、25条）の侵害

次に在沖米軍により、「良好な環境を享受し、これを支配する権利」である「環境権」が侵害されて

きた。たとえば米軍の軍事訓練が原因となって生じる「米軍山火事」は1972年の沖縄復帰後から2018年10月末までに620件も存在する。沖縄県の資料によれば、嘉手納基地や普天間基地周辺の騒音は、最大ピークレベルでは飛行機のエンジン近くと同程度、平均ピークレベルでも騒々しい工場内と同程度の騒音とされている。こうした騒音のため、学校での授業にも悪影響が生じるなどの事態も生じている。米軍基地内からの度重なる燃料流出事故の結果、土壌や河川が汚染され、沖縄の市民の生活や健康への悪影響も懸念されている。沖縄にはあらゆる種類の「基地公害」があり、沖縄の市民は「環境権」侵害行為にも苦しめられてきた。

4 「平和主義」の侵害

歴代日本政府は、「沖縄の基地負担の軽減」「抑止力の維持」を理由に辺野古新基地建設を進めてきた。しかし辺野古に建設が予定されている新基地には、航空機に弾薬を搭載する「弾薬搭載エリア」、航空機専用の燃料を運搬するタンカーが接岸できる「燃料桟橋」、佐世保の強襲揚陸艦「ワスプ」などの接岸できる、全長272mの「護岸」など、普天間基地にはない新機能が付与されようとしている。普天間基地には現在、「空飛ぶ棺桶」「未亡人製造機」と言われるほど墜落事故が多い「オスプレイ」が24機配備されているが、辺野古新基地には100機のオスプレイが配備されるとの情報もある。以上のような辺野古新基地の建設は、「沖縄の基地負担の軽減」どころか「基地負担の増大」「基地機能の強化」であり、米軍の「出撃拠点基地」「後方支援基地」「軍事訓練基地」としての機能が一層強化される。辺野古新基地建設は基地機能の強化となるものであり、憲法の基本原理である「平和主義」とは決して相いれない。

5 「辺野古が唯一の選択肢」という安倍政権の主張の欺瞞

安倍政権は、東アジアにおける抑止力として在沖米軍基地が不可欠と説明する。しかし、沖縄に駐留している海兵隊は今後、大幅に削減されることになっている。しかも第31海兵遠征隊（31MEW）は半年以上も沖縄を留守にする、ほとんど沖縄にいない部隊である。実際に東アジア有事を想定した場合、兵力は少なすぎる。第31海兵遠征隊に組み込まれるオスプレイやヘリコプター運用のための航空基地が必要とされるために普天間から辺野古に移転されるが、第31海兵遠征隊は自己完結性を持たず、長崎県佐世保の強襲揚陸艦が沖縄に寄港し、海兵隊を積載して任務にあたる。安倍政権による「辺野古が唯一の選択肢」との主張は欺瞞といわざるを得ない。

6　おわりに

日本本土の約0・6%しかない沖縄県に全国の米軍専用施設の約70・6%が集中するなど、沖縄には米軍基地の負担が押し付けられてきた。そこで多くの沖縄の市民は、これ以上の基地負担には耐えられないとの思いで辺野古新基地建設に反対してきた。ところが安倍政権は沖縄の民意を無視して基地建設を強行してきた。2018年12月14日には辺野古湾岸部で土砂投入を強行した。ここで埋め立てられているのは辺野古・大浦湾周辺の美しい海、絶滅危惧種262種類を含む5800種類以上の生物だけではない。「基本的人権の尊重」「民主主義」「平和主義」「地方自治」といった、日本国憲法の重要な基本原理も埋め立てられているのである。辺野古新基地建設に反対する人たちに対しては、「普天間の危険性を放置するのか」といった批判が向けられることがある。しかし「普天間基地」の危険性を除去するというのであれば、普天間基地の即時返還を求めれば良いのである。そもそも日本が「主権国家」だというのであれば、外国の軍隊が常時、日本に駐留すること自体が極めて異常な事態であることを認識する必要がある。「平和」や「安全」が重要なことはいうまでもないが、それらは「軍事力」や「基地」では決して守ることができないことを、私たちは悲惨な戦争を通じて歴史的に学んだ。アメリカと朝鮮民主主義人民共和国の最近の関係改善にもみられるように、紛争回避のための真摯な外交努力こそ、平和実現には極めて重要である。日本国憲法の国際協調主義も、武力による威嚇や武力行使などによる紛争解決を放棄し、積極的な外交努力などを通じて国際社会の平和創造に寄与することを日本政府に求めている。東アジアの平和は「抑止力」などという、軍事的脅迫によって達成されるものではない。辺野古新基地建設は、平和的な外交努力などによる平和構築を目指す日本国憲法の精神にも逆行し、むしろ軍事攻撃を呼び込む危険な政治的対応である。私たち憲法研究者有志一同は、平和で安全な日本、自然豊かな日本を子どもや孫などの将来の世代に残すためにも、辺野古新基地建設に対して強く反対する。

以上

【賛同者】

愛敬浩二（名古屋大学）青井未帆（学習院大学）青木宏治（高知大学名誉教授）浅野宜之（関西大学）麻生多聞（鳴門教育大学）足立英郎（大阪電気通信大学名誉教授）飯島滋明（名古屋学院大学）井口秀作（愛媛大学）石川多加子（金沢大学）石川裕一郎（聖学院大学）石塚迅（山梨大学）石村修（専修大学名誉教授）井田洋子（長崎大学）伊藤雅康（札幌学院大学）稲正樹（元国際基督教大学）井端正幸（沖縄国際大学）岩本一郎（北星学園大学）植野妙実子（中央大学）植松健一（立命館大学）植村勝慶（國學院大學）右崎正博（獨協大学名誉教授）浦田一郎（一橋大学名誉教授）浦田賢治（早稲田大学名誉教授）榎透（専修大学）榎澤幸広（名古屋学院大学）江原勝行（岩手大学）大内憲昭（関東学院大学）大久保史郎（立命館大学名誉教授）大津浩（明治大学）大野友也（鹿児島大学）大藤紀子（獨協大学）岡田健一郎（高知大学）岡田信弘（北海学園大学）奥野恒久（龍谷大学）小栗実（鹿児島大学名誉教授）小沢隆一（東京慈恵会医科大学）柏﨑敏義（東京理科大学）金澤孝（早稲田大学）金子勝（立正大学名誉教授）上脇博之（神戸学院大学）河合正雄（弘前大学）河上暁弘（広

島市立大学）川畑博昭（愛知県立大学）菊地洋（岩手大学）北川善英（横浜国立大学名誉教授）木下智史（関西大学）君島東彦（立命館大学）清末愛砂（室蘭工業大学）倉田原志（立命館大学）倉持孝司（南山大学）小竹聡（拓殖大学）小林武（沖縄大学）小林直樹（姫路獨協大学）小松浩（立命館大学）近藤敦（名城大学）齋藤和夫（明星大学）斎藤一久（東京学芸大学）斉藤小百合（恵泉女学園大学）坂田隆介（立命館大学）笹沼弘志（静岡大学）佐藤修一郎（東洋大学）佐藤潤一（大阪産業大学）佐藤信行（中央大学）澤野義一（大阪経済法科大学）志田陽子（武蔵野美術大学）清水雅彦（日本体育大学）清水睦（中央大学名誉教授）菅原真（南山大学）妹尾克敏（松山大学）芹沢斉（青山学院大学名誉教授）高作正博（関西大学）髙佐智美（青山学院大学）高橋利安（広島修道大学）髙橋洋（愛知学院大学教授）髙良沙哉（沖縄大学）高良鉄美（琉球大学）竹内俊子（広島修道大学名誉教授）竹森正孝（岐阜大学名誉教授）田島泰彦（元上智大学）多田一路（立命館大学）建石真公子（法政大学）館田晶子（北海学園大学）千國亮介（岩手県立大学）塚田哲之（神戸学院大学）土屋仁美（金沢星稜大学）寺川史朗（龍谷大学）内藤光博（専修大学）長岡徹（関西学院大学）中川律（埼玉大学）中里見博（大阪電気通信大学）中島茂樹（立命館大学）永田秀樹（関西学院大学）中村安菜（日本女子体育大学）長峯信彦（愛知大学）永山茂樹（東海大学）成澤孝人（信州大学）成嶋隆（獨協大学）二瓶由美子（元桜の聖母短期大学）丹羽徹（龍谷大学）根森健（神奈川大学）長谷川憲（工学院大学）畑尻剛（中央大学）濱口晶子（龍谷大学）廣田全男（横浜市立大学名誉教授）福嶋敏明（神戸学院大学）藤井正希（群馬大学）藤澤宏樹（大阪経済大学）藤野美都子（福島県立医科大学）古川純（専修大学名誉教授）前原清隆（元日本福祉大学）松原幸恵（山口大学）水島朝穂（早稲田大学）三宅裕一郎（日本福祉大学）宮地基（明治学院大学）三輪隆（元埼玉大学）村上博（広島修道大学）村田尚紀（関西大学）本秀紀（名古屋大学）元山健（龍谷大学名誉教授）森英樹（名古屋大学名誉教授）森正（名古屋市立大学名誉教授）安原陽平（沖縄国際大学）山内敏弘（一橋大学名誉教授）

結城洋一郎（小樽商科大学名誉教授）横尾日出雄（中京大学）横田力（都留文科大学名誉教授）吉田栄司（関西大学）吉田善明（明治大学名誉教授）若尾典子（佛教大学）脇田吉隆（神戸学院大学）和田進（神戸大学名誉教授）匿名希望1名

２０１9年2月4日段階１３２名

【記者会見に参加した憲法研究者の発言】

稲正樹元国際基督教大学教授発言（抜粋）

民意を誠実に聞き、民意に応え、政治の基本を決定していくというのが立憲民主制の基本である。現在の安倍内閣は、アメリカ側の歓心を買い、アメリカの国益に沿う形で、沖縄を切り捨てているといわざるを得ない。自己の見解や政治的立場に反する民意を切り捨てて恥じないという政治は、民主制とはほど遠い独裁制ではないか。日本国民全体に対しては、このような政治を認めつづけるのかという問題が提起されている。〔中略〕

この声明には語られていないが、米軍基地を日本全土において自由に設置・管理・運営することをアメリカに認めている地位協定とそのもとの安保条約の問題が、辺野古基地問題の根幹にあるのではないか。アメリカの言うがままに基地建設に邁進する政府の方針を支えている安保条約の問題を、国民的課題として受け止めていくことが必要である。

志田陽子武蔵野美術大学教授発言（抜粋）

日本国憲法が採用している「民主主義」のプロセスは「選挙」だけで終わるものではありません。

憲法が採用しているグランドデザインを、国政担当者が理解する必要があります。日本国憲法は、「請願権」の保障や「表現の自由」の保障、そして95条の住民投票などから考えて、そのグランドデザインにおいて、「選挙で一度、国政ないし地方行政の担当者を選んだらすべてを委ねたことになる」との考えは採用しておらず、後から個々具体的な問題に関して市民・住民からの意思表明が必要となったときに、これを為政者に伝える行為は正当であり、為政者の側がこれを誠実に斟酌すべきことを想定した仕組みをとっています。辺野古の問題も、そうした中に位置づけて考えるべき問題です。

現在、多くの沖縄県住民が表明している反対は、憲法が本来想定し保障している意思表明のあり方のひとつとして位置づけられるものであって、決して軽視・黙殺してはならないものです。これを無視した土砂の一方的な投入は、憲法の許容する限度を超えています。

笹沼弘志静岡大学教授発言（抜粋）

辺野古新基地建設をめぐって問われているものとはなにか。それは、先ず第1に沖縄の人々の人権と、日本国全体の民主主義のあり方である。

人権

沖縄の基地問題は、憲法九条の問題という以前に、人権の問題である。仮に、日米安全保障条約や駐留軍用地特別措置法が合憲であると考えたとしても、日本国民の安全保障のために、国土の0.6％に過ぎない沖縄に米軍基地の3／4を置き、沖縄の人々に生命身体の危険や被害、財産侵害等の日常的な人権侵害による不利益を負わせ続けているのは不公正であり、差別ではないかということだ。普天間基地移設先として最初から沖縄県内のみに限定するのは差別。

民主主義

辺野古新基地建設の目的とは、国の主張によれば「わが国の平和と安全を保つための安全保障体制の確保」である。にもかかわらず、沖縄の基地問題にすり替えられていること自体が、そもそも奇妙であり、かつ日本国民から「わが国の平和と安全を保つための安全保障体制」はいかにあるべきかを議論する機会を剥奪するものだといえる。つまり、日本国民は自分達の運命を考える機会と自らの運命を決める機会を奪われているのである。より正しくは、沖縄の人々が自らの運命を決める権限を侵害することを通して、日本国民全体が自分達の運命を決める機会を自ら放棄しているというべき。

石川裕一郎聖学院大学教授発言（抜粋）

沖縄が置かれている現況は、偏に沖縄だけの現況ではない。それは、他の46都道府県のどこでも起こりうる（あるいは現に起きている）。あるいは、いま沖縄で起きている事象は、今後本土で起きるであろう事象の先取りでもある。オスプレイは、最初沖縄の空を舞っていたが、今や日本の空を事実上どこでも我が物顔で飛び回っている。言うまでもなく日米安保条約や日米地位協定は、沖縄だけではなく、日本全土を等しく米軍の自由活動圏域としているからである。

要するに、「沖縄」問題とは、まぎれもなく「日本」問題である。沖縄で示された民意が蔑ろにされ、沖縄県民の人権が侵されている現状は、日本の民主主義と立憲主義が著しく劣化していることを示している。その意味において、政府による現在の辺野古新基地建設強行は、他でもないこの国の民主政治と立憲主義の危機の象徴である。

成澤孝人信州大学教授発言（抜粋）

安倍政権は、知事選で沖縄県民の民意が明確に示されているにもかかわらず、沖縄県がなした「承認の撤回」という処分を、行政不服審査法を悪用することによって執行停止にし、工事を強行しています。人権を自治で守ろうとした沖縄県民の努力が、卑怯な手段を使った日本政府によって否定されようとしているのです。

沖縄県のなした承認の撤回に対しては、訴訟で対抗するのが、法治国家における国と地方の関係です。日本国憲法では、国と地方自治体とは、法的に対等関係にあり、決して上下関係ではないからです。行政不服審査法を悪用し、県と国との争いを国が裁定するというやり方で工事を強行するのは、県と国が法的に対等関係にあるという日本国憲法の地方自治の原理を修復しがたいほど捻じ曲げるものです。

飯島滋明名古屋学院大学教授発言（抜粋）

憲法では「平和主義」が基本原理とされていますが、「平和主義」実現のためにも「地方自治」は極めて重要です。たとえば敗戦までの日本では、国が港湾管理権を独占していました。そのために国の戦争遂行が容易になり、さまざまな港から軍艦が出ていくことが可能になりました。しかし1950年の「港湾法」では、「港湾管理権」が自治体に委ねられています（2条）。「港湾法」で港湾管理者が自治体とされているのも、国による戦争遂行を阻止、阻止する役割を果たします。その代表例が、核兵器を搭載しないことを証明しない限り外国軍艦の入港を認めない「非核神戸方式」（1975年）です。「非核神戸方式以降」、アメリカ軍艦は神戸港には入港していません。「公有水面埋立法」（大正10年制定）も、埋立の免許を出す権限が「都道府県知事」とされることで、戦争遂行や戦争遂行体制の構築につながる基地建設などの国の施策を認めないことが可能になります。

●コラム

安倍政権の「普天間基地の危険性除去」の欺瞞性――緑ヶ丘保育園への対応が示すもの

日本平和委員会事務局長・**千坂　純**

安倍首相、安倍政権の面々は、暴力的な辺野古新基地建設を弁解するたびに、「普天間基地の危険性の除去のため」と繰り返す。

しかし、彼らが「普天間基地の危険性除去」に真剣に取り組んでいるとはとても思えない。そのことをはっきりと示しているのが、2017年12月7日に米軍ヘリの部品落下事件が起きた、普天間基地に隣接する緑ヶ丘保育園をめぐる国の対応だ。その6日後の13日に、普天間第二小学校の校庭に米軍ヘリの窓枠が落下する事件が起きた。後者の場合は、米軍ヘリが起こしたことが明々白々であったので、米軍も政府もその責任を認め、その後、監視カメラや監視員を配置し、さらには校庭に避難場所まで作った。それでも校庭に接近する米軍機の実態は何ら変わらず、事故発生から1年の間で、校庭にいる生徒に678回も避難指示が出される異常事態が続き、その状況は今も変わっていない。

緑ヶ丘保育園の場合はもっとひどい。事件の真相究明と保育園上空の米軍機の飛行中止を求め、保育園と父母（OBも含む）が「チーム緑ヶ丘1207」を結成。粘り強く活動している。事故から1年後の昨年12月6、7日、そのお母さんたち5人と神谷武宏園長が上京し、対政府交渉などを行ない、私たちもその支援の一翼を担った。

そこで浮かび上がった実態は、本当に怒りに堪えないものだった。

真相究明の努力は一切、真剣に行なわれていない。米軍は落下物を米軍CH53ヘリの装置のカバーであることは認めたものの、事故当時上空を飛行した該当機のカバーは全部そろっており、当該機による事故ではないと回答。警察も政府もその回答をオウム返しするだけで、実際にそれが存在しているかどうかの確認を、一年たった今もしていない。そして、「関係省庁で調査中」を繰り返すばかりだ。母親らからは「いったい警察は誰を守るためにあるの？」の悲鳴が上がった。

では、「保育園上空の飛行中止」の要求はどうだろうか？　この状況はむしろ悪化している。わずか百坪ほどの保育園の園庭の上空を、毎日のように米軍機が低空で飛行していく。対政府交渉では、保育園上空を飛ぶ米軍機を撮影した映像を政府担当官らに見せた。その映像は、本当に衝撃的なものだった。保育園児の上を、米軍ヘリが、欠陥機オスプレイが、空中給油機が、F35B戦闘機が、すさまじい爆音を立ててくり返し飛行していく。それは本当に、異常極まりない光景だった。

「この一年、ただ子どもたちを守りたい一心で活動してきたが、何も変わっていない。変わっていないどころか、いまは戦闘機も飛ぶようになっている。いったいこの一年は何だったのか！」「私たちはただ子どもたちの命を守りたいだけ。なぜ、保育園上空を飛行させないことすらできないのですか？」――母親たちは涙ながらに、叫ぶように訴えた。しかし、担当官たちは、「ことあるごとに日米合意を守り、住民の安全に考慮するよう求めております」と力なく繰り返すばかりだ。防衛省の職員が保育園を訪れたのは、事故直後の一度だけだ。

ここから見えてくるものは、安倍政権が「普天間基地の危険性除去」を真剣には追求していないことだ。切実な住民の「危険性除去」の願いには背を向け、それを放置し、そして口先だけで「危険性の除去」を語り、辺野古新基地建設推進の口実にするという、人間として到底許せない態度だ。安倍政権がやるべきは、一刻も早い普天間基地の運用停止・閉鎖・撤去だ。

第5章　日本の主権はどこに
――私たちをとりまく日米地位協定

佐々木　健次

第1　はじめに

1．日米地位協定は、1960年1月、日米安保条約6条が、「日本国の安全に寄与し、並びに極東における国際の平和及び安全の維持に寄与するため」、米軍は日本において「施設及び区域を使用することを許される」と定めたことを受けて、施設・区域（米軍基地）の提供の在り方及び米軍・軍人軍属等：その家族の法的地位を定める条約として締結された（同年6月発効）。

日米地位協定は、旧安保条約下で1952年締結された行政協定をそのまま引き継ぐ形で締結されたという歴史的事情を背負っているため、不平等性、不合理性を強く内在させていると同時に、行政協定時代からの日米両政府の「密約」の影響を強く受けている。

日米地位協定の問題は、日米両政府間の問題であるだけでなく、国民の生活の安全、基本的人権、環境保全、国土の有効利用等に直結するものであるから、近時、その改定が、決して沖縄だけの問題ではなく、全国民的な問題として意識されるようになってきた。そしてその抜本的改訂が政党や沖縄県、そして渉外知事会、2018年7月には全国知事会などからも強く提唱されるに至っている。

2．米軍という外国軍隊が日本国内に駐留するということは、いうまでもなく日本の領域主権が制約を受けることになる。この制約をどの程度に納めるかは、日米間の交渉によることになるが、1960年締結された日米地位協定の内容がこれを決定している。

１９４５年８月１５日の敗戦以降、米軍を中心とする連合国（ＧＨＱ）に対し、日本政府は被占領国家として日本の主権を行使することはできなかった。しかし、１９５２年４月のサンフランシスコ講和条約の発効に伴い、連合国（殆どが米軍）の占領統治が終了し、日本の主権が回復し、米軍という外国軍隊が日本国内に駐留を続けるには日本政府と駐留を根拠づける条約を結ぶ必要があった。これが１９５２年２月締結された旧安保条約と行政協定である。サンフランシスコ講和条約、旧日米安保条約、行政協定は１９５２年一体として発効した。

行政協定は、上記のような時代背景の下、それまで日本を占領統治してきた米軍としての意識が強く反映されたものになり、米軍は１９５２年４月以降も占領時代と同じような特権を確保した。１９４９年、ソ連が原爆を所持し、中華人民共和国が建国され、１９５０年には朝鮮戦争が発生するなどの国際状勢を背景に、米軍は日本国内での行動の自由を最大限確保するための米軍の特権を行政協定に定めた。そして行政協定の条項が大部分１９６０年の日米地位協定に引き継がれた。１９８９年の冷戦終結、１９９１年のソ連崩壊後も、日米地位協定が改定されることなく今日に至っているため、米軍の特権がそのまま温存されることになった。

なお、冷戦終結、ソ連崩壊を受けてＮＡＴＯ軍地位協定（補足協定も含む）は１９９３年に抜本的に改定され、又１９９５年には米国とイタリア間で基地使用に関する「了解覚書」、「モデル実務取極」などが合意された。これらによりドイツ・イタリアのＮＡＴＯ軍・米軍に対する主権行使が著しく回復され、米軍の運用に対し、ドイツ・イタリアの国内法令を適用する、基地外での演習訓練についてはドイツ・イタリアの事前届出ないし承認を受ける必要がある、ドイツ・イタリアに基地立入権が認められる、などの規定が明記された。

第２　日米地位協定にはいまだ次のような米軍・軍人らの「特権」が認められている。

1．全土基地方式（2条1項）

米軍は日本のどこにでも米軍基地を作ることができる。

外務省が1983年12月作成した機密文書『日米地位協定の考え方（増補版）』（以下、「考え方」という。琉球新報社編、2004年12月、高文研刊）によれば、米軍は日本政府に対し、日本国内のどこでも基地を提供するよう求める権利があり、日本政府は「合理的理由」がなければ拒否できない、としている。

今日課題になっているロシアとの北方領土返還交渉において、ロシアが北方領土を返還したら、そこに米軍基地が出来るのではないかと懸念しているのは案外的外れではないのである。

2．基地の排他的管理権（3条）

米国は、基地内において、設定、運営、警護および管理のため必要なすべての措置をとることができると規定されている。

国際法の考え方によれば、国家はその領域に対し主権を行使し、本来、米軍基地も、日本国内にある以上、日本の主権に服さなければならない。換言すれば、基地設置や米軍の運用、米兵らの訓練を含む行動については、米軍内部の問題及び条約・日本法令に定めがある場合を除き、日本国内法が適用されるべきであるが、3条の規定により国内法令の適用が免除され、治外法権的な空間となっている。このため事件・事故発生時の基地への立ち入り調査等も全く出来ず、有害物質の排出などにより基地内外の河川が汚染されてもその原因調査もできず、軍用機の騒音や飛行ルートの調査もできない。又、基地外で犯罪を犯した米兵等が基地内に逃げ込めばその逮捕はできないことになる。

3．基地返還時の原状回復義務の免除（4条1項）

現在の環境法では①事前予防の原則、②汚染者負担の原則が当たり前の事として考えられているが、地位協定は行政協定時代の考え方で作られているため、米軍がその活動によっていかにダイオキシン、PCB、水銀、ヒ素などの有害物質によって基地内（日本国土）を汚染してもその原状回復費用を負担せず、汚し放題である。その端的な事例が沖縄で次々発生し、2013年沖縄市サッカー場からダイオキシンの入ったドラム缶数十本が発見されるなど返還土地の迅速な有効活用が著しく阻害されている（この除染費用として国と沖縄市で約13億円かかったと言われている。『この海／山／空はだれのもの⁉ 米軍が駐留するということ』（以下、『この海／山／空はだれのもの⁉』という。琉球新報編集局編、2018年12月、高文研刊）。

なお、1993年改定されたNATO軍補足協定では、環境条項（54条A）が加えられ、NATO軍（主は米軍）のすべての行動計画について人間・動植物、土壌、水、空気、気候、文化財などの環境に重大な影響を与えないかどうかアセスメントの実施を義務づけている。

4．米軍の移動の自由（5条）

5条は本来、米軍や構成員の基地への（或いは基地間の）移動の自由を定めたものであるが、「考え方」によれば、米軍の移動の権利が定められたものと解釈されている。

米軍は基地間移動の権利を拡大解釈し、日本領域の多くの空域で訓練空域を設定し、自由に訓練を重ねている。

そもそも、1952年の行政協定締結の目的は、日本国のどこにでも、米軍が欲するだけ駐留し、自由に行動する権限を確保することが目的だとされていた。その目的は行政協定から地位協定に引き継がれて、今に至っているが、これが米軍機による昼夜、場所（普天間第二小上空など）を問わない飛行、騒音被害発生の元凶となっている。

特に、近時の沖縄における米軍訓練空域の拡大は問題である。

『この海／山／空はだれのもの⁉』によれば、国交省は自衛隊機の訓練空域の名目で臨時訓練空域（「アルトラブ」）を設定している（従来の米軍訓練区域を包み込むように設定され、従来の1・6

倍の広さである。)。臨時とは言ってもほぼ毎日（年間千回以上）発令されているため実際は常時提供状態になっている。ところで、米空軍嘉手納基地が2016年12月作成した資料「空域計画と作戦」によるとこの空域は米軍が使用する「固定型アルトラブ」だと明記してある。実質上米軍の訓練空域のなし崩し的拡大と思われ、民間航空機の適切な運行や安全確保の見地から大きな問題となっている。

5．航空管制等（6条）

地位協定6条では、全ての非軍用及び軍用の航空交通管制は日米で「緊密に協調して」発達を図ると定めている。しかしながら、以下の問題点がある。

（1）米軍による航空交通管制の問題

米軍は、横田、岩国、嘉手納、普天間の4ヵ所の航空基地で飛行場管制業務（離着陸する航空機を管制する）の他、横田進入空域（厚木を含む）と岩国の進入空域の進入管制業務（空路間を結ぶターミナル空域を管制する）を行なっている。

米軍による進入管制空域の存在は、民間機の飛行コース設定への大きな制約となるとともに、進入管制が錯綜するなどしているため、衝突事故にもつながりかねない。

とりわけ横田進入管制区（横田空域）は、1都8県の上空最高7000mに至る広大な空域を占め、「西の壁」を作っている。民間機は横田空域を飛行できないため、羽田・成田空港の、特に西日本方面への離着陸コースの設定等に大きな制約を及ぼしている。2008年9月の羽田空港D滑走路開設時には、横田空域東端の管制が日本側に部分返還され、例えば羽田―福岡便は4分の短縮が実現したといわれている。

日本政府は、東京五輪などが開かれる2020年までに訪日数4、000万人にする目標を立てているが、そのためには新飛行ルートを作るなど羽田空港4本の滑走路を効率的に活用する必要がある。新飛行ルートは数分間「西の壁」を通過するため、その部分の管制権を日本に戻すよう申し入れているとの事である。明田川融法政大学教授は「首都上空の管制をこれだけ広範囲に他国に委ねている国はほかにない。空に関し占領状態が続いていると言われても仕方がない」と述べる（２０１９年1月３０日朝日新聞）。

（2）航空法特例法（１９５2年制定）の問題

米軍機への多くの航空法の規定の適用除外は、運航の安全性に問題を生じさせている。

［最低安全高度］

航空法８１条・同施行規則１７４条は、国際民間航空機関（ＩＣＡＯ）の基準に準じて、人口密集地で３００ｍ、それ以外の場所で１５０ｍという最低安全高度を定めている。

米軍機にはその適用が除外されているため、日本全国の山間地や海上などで低空飛行訓練が実施されている。この訓練では、時速８００㎞での低空飛行訓練中の米軍艦載機A6が高知県の早明浦ダム湖面に墜落したり（１９９４年１０月）、奈良県十津川村で米軍機が木材運搬用のワイヤーロープを切断する（１９８７年8月と１９９１年１０月）という事故も発生している。２０１８年には三沢基地所属のＦ15戦闘機が青森県内で高度８０ｍ程度の超低空飛行を行なったことが明らかになっている。

一方、米軍機が１９９8年2月、イタリア・ドロミテ渓谷でロープウェーのケーブルを切断し、ゴンドラ乗員２０名が死亡する重大事故が発生したイタリアでは、自国での裁判権行使を強く主張した外、事故後、米軍との交渉において周辺地域の最低高度を２０００フィート（６００ｍ）に引き上げ、事実上の低空飛行禁止を勝ち取った。

（3）米軍による一方的な飛行ルートの設定

２０１2年9月、海兵隊仕様のオスプレイＭＶ―22が普天間基地に配備される際、米軍は環境レビューを公にし、日本全土をほぼ縦断するピンク、ブルー、などの６本の飛行ルートを設けていることを明らかにした（他に2ルートもある。）このルート設定も米軍の一存で設定されたものと判断せざるをえない。空軍仕様のオスプレイCV—22は2018年10月横田基地に正式配備されたが、開発段階から事故が多発し、欠陥機と指摘されているオスプレイが（事実、2016年12月、辺野古沿岸で墜落事故を起こしている。）、早晩日本の空を飛び回ることになる。

（4）騒音防止協定の不履行

1996年、米軍は嘉手納、普天間両基地につき、午後10時から午前6時までの間航空機の発着をしない協定に応じたが、「運用の必要」があるときは除くという抜け道も用意され、現実には全く守られていない。かえって2015年3月嘉手納基地司令官が出した「滑走路運用指示書」によれば、夏場は午前0時まで認める、となっていることが明らかになっている（上記『この海／山／空はだれのもの⁉』）。

6．刑事責任（17条）

（1）米兵等が公務外で犯罪を犯した場合（日本側に第一次裁判権がある）でも、米兵等が米軍基地内にいるときは、その身体は、起訴されるまで日本側に移されない（17条5項（c））。

（2）17条3項（a）（ⅱ）に定める「公務執行中」の認定は、米軍の「公務証明書」をもって十分な証拠資料とされている（合意議事録、合意事項43）。

（3）17条、3項（a）（ⅱ）は「公務執行中の作為又は不作為から生ずる犯罪」は米軍が第一次裁判権を持つ。しかも、出勤途中や帰宅途中の米兵等の犯罪行為も、「公務執行中」になされたとみなされている（1956年3月28日付け日米合同委員会合意、同年4月11日付け法務省通達）。

（4）公務執行中の米軍属に対する第一次裁判権は、地位協定上、米軍側にあるとされている（17条3項（c）（ⅱ））。

（5）公務外の米兵等の犯罪は、日本側が第一次裁判権を持つとされているが（17条3項

（b））、1953年10月28日付けの日米合意（密約）において、日本国にとって著しく重要と考えられる事例以外は、第一次裁判権を行使するつもりがないとされており、同年10月7日付けの法務省通達においても同様の意思が表明されている。

このため、米軍人らに対する起訴は日本人の半分以下であり、殆ど起訴されないものもある。

（6）米軍基地外で米軍機墜落事故が起きた場合、米軍は、事前の承認なくして、私有地に立ち入ることができる（合意事項20、1959年7月14日付け法務省通達）。

米軍の財産について、米軍の同意がない限り、日本国の当局が捜索、差押え又は検証を行う権限はない（合意議事録）。

2004年8月に沖縄国際大学で米軍ヘリコプター墜落事故が起き、その直後に米兵が沖縄国際大学になだれ込み、周囲を封鎖して、沖縄県警も墜落現場に近づけなかった。2016年12月、辺野古沿岸（安部）にオスプレイMV―22が墜落したときも、2017年10月東村高江にCH53ヘリが不時着炎上したときも、同様であった。これは、上記合意に加え、2004年の沖国大事故のあと日米間で米軍の行為を是認するガイドラインが作られ、墜落飛行機やヘリの残骸や部品には米軍以外触れられなくなったことが大きな原因である。日本側は再発防止のための調査や環境汚染の有無確認等を全くできない現状にある。

7．民事責任

（1）米兵等による不法行為について、公務中の場合地位協定18条5項により日本国が国家賠償法により賠償することが定められているが、公務外の損害賠償（被害補償）については、米国が支払う見舞金で対処されるにすぎない（18条6項）。米兵等の家族の不法行為については、地位協定に見舞金の規定すらない（個人の問題として放置されたままである）。

（2）公務中の米兵等による不法行為については、まず日本政府が被害者に対し損害賠償を行なう。その後、日本が米国に求償することになるが、日米間の負担割合は、米国のみに責任がある場合には米国が75%、日本国が25%を負担し、両国に責任がある場合には均等に負担するとされている（18条5項）。

（3）損害賠償の費用の負担割合は、両国の責任度合いに応じて決めるのが対等平等の国家として当然の関係である。

なお、2018年4月現在、多くの爆音訴訟で日本政府が判決に基づき原告に対し支払った額は約310億円に及んでいると言われているが（上記『この海／山／空はだれのもの⁉』参照）、これに対し米国がその75%ないし50%どころか、日本政府に支払ったことは全くない実情にあり、驚くべきことである。地位協定改定以前の問題として米国政府が地位協定を守ることが求められている。

（4）米軍基地の航空機騒音についての民事訴訟において、日本の裁判所は、日本政府に対して過去の損害賠償の支払を命じてきたものの、米軍は日本の支配の及ばない第三者であるとして飛行差止めを認めていない（1993年2月、最高裁判決）。日本の裁判所で米軍機の飛行による騒音が法的に違法だと断罪されていながら、米軍機の飛行自体の差止めが認められないため、根本的な解決に至らず、各米軍基地の周辺住民は何度も訴訟を起こさざるをえない理不尽な状況に追い込まれている。この裁判所の考え方が昼夜を問わず、場所を問わず米軍が傍若無人な訓練飛行を続けている原因になっていると思われる。

第3　地位協定改定の方向性

日本弁護士連合会は2014年2月「日米地位協定に関する意見書」を公表している。本稿にかかわるところの骨子は以下のとおりである。

1　施設・区域の提供と返還（2条関係）

(1) 施設・区域の提供について

① 協定2条の「個個の施設及び区域に関する協定」（以下「提供協定」という。）に基づく施設・区域の提供については、提供協定に施設・区域の範囲、使用目的、使用期間、使用条件、使用方法、米軍の配置及び装備、公共の安全確保のための措置、隣接・近傍で執る措置、維持・管理の責任等の提供条件を明記すること。

② 合衆国は、提供協定を締結する際、提供条件を記載した使用計画書を日本に提出すること。

③ 日本政府は、使用計画書の提出受けた後、すみやかに使用計画書につき、関係地方公共団体その他の関係者の意見を聴き、これを尊重して、提供の可否、提供の条件等を決定すること。

④ ①の提供協定及び②の使用計画書は、公表すること。

⑤ 施設・区域の提供を、協定2条1項（a）に定める政府間合意だけでなく、何らかの形での国会関与の仕組みが検討されるべきこと。

(2) 施設・区域の返還について

提供協定及び使用計画書に定められた使用期間が満了したとき、使用目的が終了したとき、又はその他の提供条件を欠くに至った場合には、施設・区域は速やかに返還されるべきこと。

2 米軍等に対する日本法令の適用と基地管理権（3条・16条関係）

(1) 日本の法令の適用

米軍及びその構成員・軍属・家族に対し、その組織・内部機能・管理等の内部事項であって他への影響を及ぼさないもの、並びに条約及び日本の法令に定めるものを除き、施設・区域の内外を問わず、日本の法令が適用されることを明確にすべきである。

(2) 日本当局の立入り調査

日本及び地方公共団体の当局は、日本の法令の適用の確保その他の行政目的の実現、国民・住民の被害の防止、環境の保全等、その公務の遂行に必要な場合、事前に通知して、緊急な場合は事後の通知により、施設・区域内に立ち入り、調査し、必要な措置をとることができることとすべきである。

3 環境問題（規定の新設）

(1) 地位協定に、環境保護法理の発展を反映した環境条項が定められるべきであり、環境保全・回復に関する日本国内法規か米国内の法規のいずれか厳しい基準に従う条項が定めれるべきである。

(2) 基地使用に伴う汚染が発生した場合、汚染者負担の原則の下、米軍が原状回復義務を負うことが定められるべきである。

(3) 施設・区域内で環境に対し悪影響を与える事件・事故等の事態が発生し、あるいはそのおそれがある場合、米軍による日本及び関係地方公共団体への通報義務を定め、かつ、日本側当局の施設・区域内への立ち入り調査を認めるべきである。

(4) 施設・区域内に米軍が新たな施設を建設する場合には、事前に環境影響調査を行い、これを公表するべきである。

なお、２０１５年９月、環境管理分野の補足協定が結ばれたが、返還基地の汚染などの調査は返還日の７ヶ月前からしかなしえないとする奇妙な規定があるため、逆に自治体などの調査の足かせになっていることが指摘されている。

4 船舶・航空機等の出入・移動（５条関係）

(1) 施設・区域外での演習・訓練の原則禁止

地位協定5条の出入及び移動には、演習及び訓練の実態を伴うものを含まないことを明記すべきである。また、米軍による演習、訓練は、原則として提供された施設・区域外では禁じられる旨明記し、さらに施設・区域外での飛行訓練については、その場所的範囲や飛行条件等について合同委員会の合意によって明確な使用条件を設定すべきである。

5 航空交通(6条関係)

(1) 航空管制権の帰属

航空管制業務に関して、米軍は、提供された施設内飛行場の飛行場管制のみを行なうものと明記し、進入管制も含めたそれ以外の航空交通管制業務は日本が行うこと。

(2) 航空法特例法の改定

航空法特例法を改正し、少なくとも最低安全高度の遵守、曲技飛行の禁止等安全性確保のための最低限の規制は米軍に対しても及ぼす。

6 刑事責任(17条関係)

(1) 米兵・軍属被疑者の身体拘束について

日本が第一次裁判権を有する事件については、全ての事件において、米軍構成員・軍属(以下「米兵等」という。)被疑者の身柄が米軍の手中にある場合であっても、米軍の同意なくして、日本が起訴前の米兵等被疑者の身柄を拘束できるようにすべきである。

(2) 公務執行中の米軍属に対する刑事裁判権について

米軍属が犯した犯罪については、公務執行中であるか否かにかかわらず、日本が第一次裁判権を有するとすべきである。

なお、2016年4月の軍属(元海兵隊員)のうるま市における強殺事件の発生を受けて、２０１７年1月、軍属の範囲を限定する補足協定が結ばれたが、特権から除外された範囲はわずかである。

(3) 刑事裁判権不行使の日米合意と法務省通達について

米兵らに対する起訴が日本人の半分以下になっている元凶である、日本にとって著しく重要と考えられる事件についてのみ裁判権を行使するとの１９５３年１０月２８日付け日米合意及び１９５３年１０月７日付け法務省刑事局長通達を破棄すべきである。

(4) 米軍基地外で起きた米軍用機墜落事故等について

米軍用機事故が施設・区域外で起きた場合、米兵等の人命救助に関わる緊急避難行為を除き、日本の当局が事故現場の統制を行い、当該航空機、残骸、部分品、部品及び残渣物に対する捜索、差押え又は検証を行う権限を有するとすべきである。

第4　結語

日米地位協定の抜本的な改定は、国民の平和に生きる権利を始めとする基本的人権の保障、国土の環境保全、日本という国の「主権」を回復し、事件・事故発生に対する適切な主権行使のため早急に実行されなければならない。

伊勢崎賢治氏、布施祐仁氏は『主権なき平和国家〜地位協定の国際比較からみる日本の姿』（２０１７年１０月、集英社刊）において、日米地位協定のすべての条文を日本の「主権」を基本にして書き換える。特に、基地の管理、運用に関する条項にこの事を明記する、日米合同委員会の合意内容は原則公開とする、などの提言をしている。この方向性は日弁連意見書と同じであり、日本政府、国会、政党などは、地位協定の抜本的改定のために真剣に取り組むことが強く求められている。

●コラム

不屈にたたかう県民とカメジロー

沖縄県統一連事務局長　**瀬長　和男**

安倍内閣によって、2014年7月から強行された辺野古新基地建設の現場や、高江オスプレイパッド建設工事の現場でも、私たちは「非暴力の抵抗」を続けてきました。機動隊や海保の暴力的な排除行為が続き、私たちの運動を委縮させる目的で、権力による不当逮捕や拘束も相次ぎましたが、私たちはただひたすらに座り込み、カヌーによる抗議行動を続けています。

終わりの見えない厳しいたたかいが続くなか、ゲート前の参加者から「カメジローだったらどうしただろう?」という声が聞こえていました。米軍統治下で人権も保障されず、尊厳も命までも虫けらのように奪われ続けていた時代に、祖国復帰を叫び、「人民党弾圧事件」で不当に逮捕・投獄されてもなお折れることなく県民の先頭に立ち続けた瀬長亀次郎だったら、という願いにも似た声でした。

私の祖父に当たるカメジローは米軍の弾圧とたたかっていた県民に対し、「弾圧は抵抗を呼ぶ、抵抗は友を呼ぶ」と励まし、「沖縄県民が声を合わせて叫べば、太平洋の荒波を越え、ワシントン政府を動かすことができる」と県民の団結を訴えつづけました。

1956年、不当逮捕から2年の服役を終え出所したカメジローは、その年の12月に行なわれた那覇市長選挙で当選した時、「(当選は)民衆から米国へのクリスマスプレゼント」だと語ったそうです。米民政府は、株式の51%を所有する銀行を使い、補助金や那覇市の預金までも凍結するという弾圧を開始しましたが、那覇市民は立ち上がり、自ら進んで税金を納めようと市庁舎に列をつくり、補助金打ち切りで止まっていた工事を再開させ、瀬長那覇市政を支えました。

多数だった保守系野党市議らを使い、瀬長市長の追放を目論んだ米民政府でしたが、那覇市民に支えられた瀬長市政を崩すことが出来ず、最後は米高等弁務官の「布令」によって、瀬長市長を追放しました。しかし、那覇市民は、瀬長市政の継承を訴える候補者を次の市長に押上げ、米占領軍に対し民意を突きつけました。この那覇市のたたかいが発展し、復帰運動へと繋がっていきました。

祖国復帰から40年目の2012年、MV—22オスプレイの沖縄配備に反対する県民大会が開催され、その決議文を建白書にまとめ上げ、2013年1月、2度目の就任を果たした安倍首相に手渡しました。沖縄県民の願いを無視した新たな基地負担の押し付けは、保守と革新の垣根を取り払い、建白書実現をめざすオール沖縄に結実しました。カメジローが県民に訴え続けた「県民の団結」が実現したのです。オール沖縄の中心にいたのは、カメジローもかつて就任していた那覇市長の翁長雄志氏でした。彼は、「基地こそ沖縄経済発展の最大の阻害要因である」と訴え、新たな基地負担押し付けに反対する保守市長として、オール沖縄の顔となりました。

安倍政権によって沖縄選出自民党国会議員や自民党沖縄県連がオール沖縄から脱落していく中、沖縄の保守の中心にいた翁長氏は建白書実現を訴え知事に当選し、命がけで辺野古新基地建設阻止のたたかいを続けてきました。その姿がカメジローに重なって見えたという方がいましたが、カメジローは言うでしょう。「不屈にたたかう県民がいたからこそカメジローが生まれ、翁長知事が誕生したのだ」と。

安倍政権は、かつての米占領軍と同じようにオール沖縄から脱落した市長や議員らを使い県民投票を潰そうとしましたが、県民の不屈のたたかいが打ち破りました。追い詰められた安倍政権は、隠し続けていた軟弱地盤の存在も認めざるを得なくなっています。

辺野古のたたかいはきっと勝利できます。不屈のたたかいが続く限り。

第6章　山城・稲葉さんたちの裁判から

――問われているのは、日本の社会

山城　博治（インタビュー）

山城、稲葉さんたちの裁判の経過

山城博治さんたちの裁判となるきっかけは、沖縄県北部にある小さな村で起きた、米海兵隊北部訓練場内の新基地建設にかかわってのことでした。米軍は北部訓練場の一部を返還する代わりに、オスプレイも離発着できる新たなヘリパッドを新設することを条件としました。ところがこの新ヘリパッドは東村(ひがしそん)高江の集落に近接し、複数のヘリパッドが集落を取り囲むように計画されていました。当然のように高江の集落の人びとから反発の声が上がりました。山城さんたちも、辺野古の新基地建設への抗議と並行して、工事着工をやめさせようと高江での反対運動を行ないました。

高江で建設が強行された米軍ヘリパッド新基地建設に対する抗議行動が激しくなる中、2016年10月17日、建設現場付近の有刺鉄線を切断した器物損壊の容疑で、山城さんが逮捕されました。これに先立ち、沖縄防衛局職員に暴行を加えたという同年8月25日に起きた事件で、10月4日に公務執行妨害と傷害の容疑で添田充啓さんが逮捕されていましたが、同じ事件の容疑で10月20日に、山城さんが再逮捕されました。この山城さんの再逮捕は、2000円にも満たない器物の損壊という微罪では、勾留請求が却下されると見通しての別件逮捕でした。この器物損壊と公務執行妨害罪等の事件は翌月11月11日に起訴されますが、起訴後も保釈をさせず、山城さんを拘束し続けることを目的として、1年近く前の出来事を事件として仕立て上げ、11月29日に山城さん、稲葉博さんが逮捕されました。これがいわゆる辺野古キャンプ・シュワブ前でのブロック積み上げ事件、威力業務妨害の容疑とされたものです。

　これら3件の事件により、容疑を否認した3人は、添田さんが半年以上、山城さんが5カ月以上、稲葉さんが3カ月余り、長期勾留を強いられました。２０１８年3月１５日に那覇地裁の判決がありましたが、それぞれ執行猶予が付いたものの、不当な懲役刑が科されました。控訴審の福岡高裁那覇支部では控訴棄却となり、最高裁へ上告して、裁判の闘いが進められています。

（総がかり行動　ブックレット編集部）


――高江と辺野古の新基地反対運動をめぐる事件で、山城さんらが長期にわたる勾留を余儀なくされました。この日本の司法のあり方について、海外から懸念の声が伝えられていました。そこでまず、「人質司法」ともいわれる日本の司法のあり方について、どのようにお考えになりますか？


　逮捕されるとどうなるか。形だけはちゃんと法律で決まっている。でもこの法律で決まっていること自体も、国連の人権委員会から批判がある。その最たるものが、「代用監獄」と言われているもので、２３日間は警察の留置場に留め置かれてしまう。こんな制度は世界で日本だけで、フランスでもイギリスでも欧米では、警察の中で留め置く期間は1～3日間だけ。国際社会からも日弁連も問題だって言っているけど変わらない。いかに日本の司法関係者に人権感覚がないかということです。

　逮捕されると、まず警察で取り調べを受けてから、「送検」といって検察官の取り調べがある。これで3日間止め置かれる、その後検察がもっと調べてやろうと裁判所に勾留請求して、ＯＫが出れば最長２０日間、合計２３日間は、警察署の留置場に身柄拘束されるわけです。

　とにかく捜査機関の取り調べ期間が長すぎる。百歩譲って、２３日間は我慢したとしても、これだけでは済まない、終わらないのが日本の司法の現実となっている。

２３日間を越えて取り調べるために、事件を細分化して別件逮捕を繰り返し、この２３日間をどんどん加算していくことが平然と行なわれている。さらに、再逮捕のほか、共犯と言われる人が逮捕されるたびに、２３日間が加算される。「あなたは２３日間過ぎたけれども、共犯者が逮捕されたから、あなたも２３日間ね」と、これは際限がなくて、彼らの好き勝手なんだな。主犯者を落とすために、いくらでも共犯者を連れてきて長くしようとする。逮捕されて何日止め置かれるかわからないとなると、誰だって絶望的な気分になりますよ。

こうしたシステムは見直さなければいけない。本来裁判所が、勾留延長を認めないような歯止めになればよいのだが、検察が勾留請求を出せば、裁判所はよほどのことがない限り、簡単にＯＫを出してしまう。もっと厳格な、勾留手続きそのものが正式の公判となるなど、システムの改善がないと人権は守れないし、日本社会の中で冤罪はなくならないと思いますね。

日産の元会長カルロス・ゴーンさんの場合も同じですね。もし不当なお金の流れ、報酬があったとして、それ自体は、罪は罪として裁かれなければなりませんが、２３日間でいったん釈放すればいいんです。何かあれば任意で呼び出し、取り調べをすればいい。それを再逮捕を繰り返し勾留を続けることは、人権侵害ですね。国際社会はこの日本の裁判を見ていますよ。

——山城さんの件でも、国連人権委員会から任命された特別報告者が長期勾留を懸念する報告を提出したり、つい最近も国連の作業部会で、「恣意的な拘束」で国連人権規約違反とする見解を示したりしていますね。

この声明に対して、日本政府は真っ向から否定して、聞く耳もたず。さらに、サンケイ新聞などは、「国連反日報告」などとして、書きたてて揶揄してますよね。国連まで「反日」とするのか。中国や韓国とまともな対話もできずにけんか腰で、どこに日本に親近感を持つ国があるだろう。これでは世界の孤児になりかねない。

——長い勾留生活の中で、心の変化などはあったのでしょうか？

一番きついのは最初の数日間でした。3日たった、1週間、2週間たった、そして23日目、やっと終わるな、これで釈放だなと思ったら、また再逮捕で23日間でしょ。次から次へと23日間がつく。そして共犯者の逮捕で、23日間。愕然としますよ。

自分自身が釈放されないことに加えて、共犯者が出ると、今度は仲間たちの心配もしないといけない。検察は「あなたが強情を張っていると、被害は拡大するんだよ」と突いてくる。「あなたはリーダーでしょ。あなたが強情を張って口を閉ざしていると、他の人に迷惑がかかる」「こういう時こそリーダーとして責任を果たすべきではないですか」と畳み込んでくる。取り調べ自体は、午前中2時間、午後は休憩をはさんで2時間ずつと、1日6時間程度でした。8時間も10時間も通して取り調べを受けるということはありませんでしたが、疲労困憊、ゲンナリするには充分な時間ですよね。

それから、地検での検事取り調べが1週間に1、2回ありましたが、ここでは取り調べを受ける前に、1、2時間待たされる。それも、動物の檻のようなところに押し込められ、待たされる。これはきつかったですね。検事取り調べだけでも嫌というほど厳しいのに、その取り調べの前に長時間待たされるんですから。

心の支えになったのは、やはり仲間たちが来てね、声を上げてくれたからです。名護警察署の接見室でも仲間の声が聞こえていました。

——地裁の判決で、威力業務妨害とされたブロックの積み上げについて、「表現の自由を逸脱する犯罪行為であって、正当化することはできない」とありますが。

表現の自由を、どうやって線引きするのでしょう。表現の自由というのは、権力との関係性の中で決されるものだと思いますよ。

僕らは2014年から、座り込みをしていた。これに対して東京の警視庁からたくさんの機動隊員が送られてきた。警備をしていた沖縄県警の機動隊に対して、「生ぬるい」と檄を入れたんですね。そうしたら沖縄県警も含めて、行動参加者に対して過激になっていった。ごぼう抜きが強行され、腕を締め上げられ、ねじ上げられ、負傷者が出る、押されて倒れて頭を打ち、救急搬送される者が出る。骨折する者、あげく逮捕される者が出る。すさまじい機動隊の暴力が出てきたわけです。非暴力の抵抗運動に過ぎないものに対してね。

こんな暴力が日常となり、ごぼう抜きされた後に、建設資材を積んだトラックが悠々とキャンプ・シュワブ内に入っていくことが繰り返される。そのような折に誰彼となく自然発生的にブロックの積み上げ行動が始まった。参加者の身体を守り、米軍基地の被害からかけがえのない命やくらしを守るために、やむを得ず一つひとつブロックを積み上げていく。私たちがどのような思いで、ブロックを積み上げたのか、ここを議論しないで、表現の自由の判断はできないと思いますよ。

アメリカの独立宣言や憲法には、抵抗権が書かれています。政府の行為に対して、抵抗する権利が、保障されています。日本の場合は、表現の自由と言っても、国が認める範囲内での自由となっている。本来これは違うでしょう。特に、沖縄のように国からの苛烈な暴力が降り注がれているなかで、県民が中央政府に対して取っている抵抗、やむを得ない抗議表現行動であって、判を押したように、これはよし、これはダメとはならないでしょう。

そもそも表現の自由は、対権力とのせめぎあいの中で、勝ち取ってきた自由。被支配者の力で権力を押しのけて、勝ち取っていかないとね。あーそうですかと引き下がっていたら、どんどん後退するだけです。東京の大規模な総がかり行動のデモなどは、警察の過剰な規制もなく整然と行なわれていますね。ところが地方によっては、小さいデモだと機動隊に囲われ、警察の指揮車が、大きなスピーカーで「ただいまデモ行進が行なわれています」とがなり立て、デモ主催者のアピールなんかかき消されてしまっている。これじゃデモの自由も、表現の自由もあったものじゃない。韓国では市庁舎前で100万人のデモがありました。フランスでも大規模なデモがありました。歴史的土壌も違うけれども、怒りの度合いによって、表現の自由も変わってくる。

もちろん権力者は抑え込みたいと思っている。われわれは制限するなと言っている。そこで中間に立つのは裁判所でしょ。裁判所が権力にすり寄って判断するのではなく、権力と人々の関係性をきっちりと判断することが大切です。

——労働運動に対する警察の不当な介入、ビラ配りや政党機関誌配布で逮捕などの弾圧事件も繰返されていますが。

沖縄で起きている現実は、例えば小さな高江の集落に全国から屈強な機動隊員が500人来ました。沖縄県警も交番勤務の警察官も機動隊に仕立て上げられ、300人もいない抗議行動参加者に対して、1000人以上の機動隊が投入されたわけですよ。これって警備ですか。明らかに弾圧でしょう。私たちはNOと言い続けた。私たちが力を抜いたとたん、権力は一歩前に出てくる。訴え続けなくてはいけませんね。国内世論だけでは無理がある。国際社会にも訴えていかないといけない。

権力者は国際社会の目を気にしています。その証拠に、こんなことがありました。

この前ゲート前で、警察がいつものように柵で囲った檻を作っていた。辺野古で有名な臨時の留置場ね。僕が警察に、「今日韓国から有名な人権活動家が来るよ。世界的に有名な人権活動家で、メディアも連れて来るよ」って言ったら、しばらく考え込んでいたけれど、そのうちその人権活動家が来る直前に、あっという間に片づけちゃった。警察も機動隊も防衛局もみんないなくなって、もぬけの殻になった。見せたくなかったんだね。

——裁判の中で山城さんは、「事件の本質は沖縄差別で、裁かれるべきは日本政府である」と主張されましたが。

12月14日（2018年）の土砂投入で、投入するのは岩ズリのはずだった。にもかかわらず、投入されたのは赤土だった。僕らは土砂の搬出地の安和で監視・抗議行動をしているから、トラックに積み込まれている土砂が赤土であることはすぐわかる。それで、沖縄県にも連絡したし、沖縄防衛局に抗議もした。土砂投入の映像があったでしょう。あれを見れば、誰だって赤土が多く混じっていることはわかる。でも、沖縄防衛局は赤土ではないと言い張っている。白を黒と言いくるめる無法がまかり通っている。これだけじゃない。政府は無法に無法を重ねて、強行してくる。北上田さんが行政手続きを無視した違法・無法な工事の数々を告発している通りです。

抗議行動や県民らの抵抗で、多少ぎくしゃくすることはあるだろう。僕らが罪に問われるということを甘んじて受けたとして、それでは君たち日本政府の罪はどうなのか。度し難い違法・無法の積み重ねはどうなのか。サンゴを守りたい、海を守りたい、最後まで辺野古には新基地をつくらせないとがんばってきた翁長雄志さんの死はどうなるんだ。対話による解決を求める玉城デニー県知事の言葉には耳も貸さない。あまりにも理不尽ではないですか。

裁判の中で、沖縄の歴史について語ってきました。これは被疑事実に対する情状酌量のためでも、抗弁でもない。しかし、裁判所は、被疑事実の構成要件のみを淡々と判断するだけ。ことの背景にある歴史を見ないで、何が判断できるのでしょう。

岩屋毅防衛大臣が、南西諸島の軍事力強化は「国民のため」と語ったけれど、かつて翁長さんが安倍首相に、あなたが言っている国民に沖縄は入っているかと問うたことがありました。沖縄に対する差別が背景にあり、沖縄は国民を守るための道具に過ぎないと考えていると激しく政府を批判しました。

他方で翁長さんは、県民に向かって沖縄のアイデンティティーに基づく団結を呼びかけていました。オブラートに包まれた優しい言葉ですが、薩摩の琉球侵攻、明治政府の琉球処分以来、沖縄民衆の心根に深く根ざす沖縄とヤマトの関係を言い表わす言葉と理解されます。県知事として「ヤマト政府、日本政府に対して団結せよ」と言わしめる事態に立ち至っていたことを政府は理解しているのでしょうか。単に差別を言い募るのではなく、なぜ沖縄に対する差別があるのか、沖縄の歴史、その立ち位置に立ってとらえなければ、差別の本質は見えない。翁長さんはそのように語っているように思えてなりません。

ただこの話は微妙で、誤解を招きやすいので注意も必要です。沖縄は日本人全体を恨んでいる、ヤマトを恨んでいる反日勢力だ、と叩かれかねない。でもね、日本政府によって、ここまで沖縄が叩かれると、自分たちが立っていられるために、心が折れないために、自分の立ち位置をしっかりと見つめ、理解するしかないんです。頭を下げて、涙ながらに訴える、そんなお涙頂戴では済まない状況になっている。復帰運動の時は「私たちは日本人です。アメリカの支配から助けてください。お願いします」と言って運動した。全国の人が同情してくれて闘いは広がり、復帰は実現した。しかし、今はそうではない。強大で強力な政府権力と対峙している。彼我の力関係を知るために、まず自らを知らなければならない。翁長さんが主張されたように、自らの出自を認識し団結をして強大な政府と対峙していくしかないのです。

――辺野古の海を守ろうというネット署名が話題となっています。国際社会への訴えも含め、今後の展開をどのように考えていますか。

ハワイの沖縄県人会が中心となって20万人のネット署名が集まりました。モデルのローラやりゅうちぇる、クィーンのブライアン・メイも署名してますね。ローラさんはバッシングされたけど、「ローラは別に間違ったことしてないよ」と最初に擁護したのは高木美保さん。一番びっくりしたのは、ローラさんを叩きまくっていた高須クリニック院長が、辺野古のサンゴを見に来て、涙ながらに辺野古の海がこんなにきれいだとは思わなかったとツイートしたことですね。グラスボードから辺野古の海を見たら、変わるんですよ。

沖縄の海にはどこでもサンゴがあると思っている人が多いかもしれない。しかししっかりと残っているのは、慶良間諸島や石垣島と竹富島の間の海域、そして辺野古、大浦湾です。大浦湾の水深30mにテーブルサンゴがびっしりと拡がっていて、これほど群生しているところは、沖縄ではもうここしかない。安倍首相は移植すればよいと言うだろうが、ここしかサンゴが生育する条件がそろっていない、だからこれだけのサンゴの群生がある。それをどこに移植するというのだ。そのサンゴの海を守らないで、何を守るというのか。

土砂の搬出地の安和に立って抗議行動をしていると、次々と観光バスが通り過ぎていく。この先に有名な美ら海水族館があるから。でもね、この水族館がある本部の海にサンゴはもうないんですよ。海洋博の開発でつぶされてしまった。沖縄の素晴らしい海をめでるなら、是非辺野古にある素晴らしい海を見てほしい、グラスボードに乗ってサンゴを見てほしい。ここには本物の自然が残っています。沖縄の経済人である呉屋守將さんや平良朝敬さんが言っていましたが、この自然を丸ごと残して、海とサンゴと戯れることができるようにすれば、つまり観光資源として保存すれば、沖縄のステイタスはもっと上がるでしょう。

このことは沖縄だけじゃなく、日本全体で考える。北は北海道の稚内から南は世界に冠たるサンゴの海沖縄まで、自然豊富な多様性に富む日本列島がある。亜寒帯から亜熱帯まで、南北に長く連なった国土。そして自然だけじゃない、さまざまな文化、民族もアイヌや沖縄など、多様な文化が息づく島国である。この日本を魅力として世界に発信していく。アイヌも琉球も、彼らの文化、暮らしをしっかりと認め、保証して、日本の豊かさを世界へアピールすること。そのことで日本が世界で高く評価され、ひいては政府がひたすら軍備増強に邁進するだけの安全保障ではなく、真に日本の安全保障につながると思う。

今僕は、古謝美佐子の「童神」という歌にほれ込んでいます。子どもを授かる母親の思い、子どもを守る母親の思いを歌い上げていて、泣けるよ。

「雨風ぬ吹ちん　渡る此ぬ浮世　風かたかなとてぃ」

（嵐が吹きすさぶ　この世の中で　風よけとなって）

子を守ろうとするこの母親の思いは、平和への思いそのものでもある。74年前の戦争を生き抜いてきた人たちが、平和を語るのは当然のこと。いま、平和について語ると、反日だ、なんだとぎくしゃくするようになっているけれど、古謝美佐子の歌は、風かたかとなって平和を守りたいというメッセージが込められている。子ども守りたい、この社会を守りたいという母親の思いが。

こうしたメッセージを発信し続けることは、日本全体の風かたかになることだと信じています。

（山城博治さんへのインタビューを編集部の責任でまとめました）

あとがきにかえて

沖縄をめぐる情勢が緊迫しています

私たち「戦争させない・9条壊すな！　総がかり行動実行委員会」は、2014年から15年の戦争法（安保法制）反対運動の中で生まれた共同行動組織で、従来の運動の潮流の垣根を超えた反戦平和・改憲反対の広範な運動体です。2015年9月19日の戦争法の強行成立への怒りは私たちの運動を終息させることなく、ひきつづき安倍首相らが企てる戦争する国づくりに反対し、改憲に反対する運動として継承され、以来、「19日行動」は全国各地に広がりました。

この過程で私たちは辺野古新基地建設に反対する沖縄の人々の持続的で不屈の非暴力の運動に励まされ、学ばされ、本土のそれぞれの場で闘って、それに連帯する運動を作り出そうとしてきました。沖縄の闘いを孤立させてはならない、沖縄のみなさんの苦闘は本土の私たちのたたかいの弱さの故ではないかと、繰り返し自らに問いかけながら、運動を進めてきました。

あの美しい辺野古の海に、県民が幾度も幾度も表明してきた新基地反対の民意を押しつぶして、国家権力、機動隊とガードマンを動員して土砂を投入する安倍政権の強権政治は、この国のいたるところに蔓延する政治手法と同一のものです。朝鮮半島に訪れようとしている平和と共生のながれに逆行するかのような沖縄など南西諸島における軍事体制の強化、新防衛大綱が示している日米軍事同盟の強化と軍事力の肥大化、森友・加計疑惑にみられる国家の私物化、原発の再稼働への飽くなき執念、官僚の官邸に対する忖度、不正と腐敗、統計を偽装してまで格差と貧困に苦しむ多数の人々の存在を覆い隠す政治などなど、安倍一強政治のもとで横行する独裁的政治です。

辺野古に新しい軍事基地を建設して沖縄の平和と自然を破壊し、憲法を改悪して平和と民主主義と人権を求める声を押しつぶそうとする安倍政権の強権政治に反撃しなくてはならないと思います。第198回通常国会における改憲発議を阻止し、来たる参議院議員選挙で立憲野党と市民の共同で安倍与党の議席を最小限目標としての3分の2以下に叩き落し、安倍政権をかならず打倒し、政治を変えましょう。

そうした決意を込めて、私たちはこの小冊子を緊急出版することにしました。幸いにもこの分野の最前線で奮闘する第一級の論者の皆さんのご寄稿をいただきました。沖縄の闘いに思いを寄せ、自らの闘いとして連帯しようとする全国各地の市民の皆さんが、この小冊子を活用していただき、普及してくださることを切に願います。

２０１９年２月

戦争させない！ 9条壊すな・総がかり行動実行委員会共同代表　**高田　健**

著者：

前田　哲男（ジャーナリスト）

北上田　毅（沖縄平和市民連絡会）

白藤　博行（専修大学／行政法研究者）

飯島　滋明（名古屋学院大学／憲法・平和学研究者）

佐々木　健次（弁護士）

山城博治（沖縄平和運動センター）

編者：

戦争させない・９条壊すな！ 総がかり行動実行委員会

http://sogakari.com/

沖縄・辺野古から見る日本のすがた

発行日　2019年２月28日　第１版第１刷発行

編　者　戦争させない・９条壊すな！　総がかり行動実行委員会
発行所　株式会社八月書館
〒113－0033　東京都文京区本郷２－16－12 ストーク森山 302
TEL 03－3815－0672　FAX 03－3815－0642
郵便振替 00170－2－34062
印刷所　創栄図書印刷株式会社

ISBN978－4－909269－05－8　　定価はカバーに表示してあります